TURING 图灵原创

LangChain
实战

大模型应用
开发实例

崔 皓——著

U0383236

人民邮电出版社
北 京

图书在版编目（CIP）数据

LangChain实战：大模型应用开发实例 / 崔皓著
. -- 北京：人民邮电出版社，2024.5
（图灵原创）
ISBN 978-7-115-64293-6

Ⅰ．①L… Ⅱ．①崔… Ⅲ．①程序开发工具 Ⅳ.
①TP311.561

中国国家版本馆CIP数据核字(2024)第083504号

内 容 提 要

本书深入介绍了LangChain平台和大模型的核心概念、应用技巧和实战经验。从LangChain的架构出发，本书逐一讲解了模型输入 / 输出、检索、链、记忆和代理等核心组件，并结合丰富的开发场景以详细的代码呈现给读者。此外，本书还通过几个具体案例展示了如何综合运用所学知识，通过这些案例，读者不仅可以掌握LangChain的实用技术，还可以提升解决实际问题的能力。

本书既适合初学者快速入门LangChain，深入了解大模型领域的最新技术，也适合专业开发者拓展技能，上手大模型应用的开发。

◆ 著　　　　崔　皓
　　责任编辑　王军花
　　责任印制　胡　南
◆ 人民邮电出版社出版发行　　北京市丰台区成寿寺路11号
　　邮编　100164　　电子邮件　315@ptpress.com.cn
　　网址　https://www.ptpress.com.cn
　　天津嘉恒印务有限公司印刷
◆ 开本：800×1000　1/16
　　印张：15.5　　　　　　　2024年 5 月第 1 版
　　字数：326千字　　　　　2024年 5 月天津第 1 次印刷

定价：79.80元

读者服务热线：(010)84084456-6009　印装质量热线：(010)81055316
反盗版热线：(010)81055315
广告经营许可证：京东市监广登字 20170147 号

为什么要写这本书

大家好，我叫崔皓，是一名工作多年的编程老兵。自 2020 年以来，大模型（large language model，LLM）如 GPT-3、GPT-4 和 LLaMA 等的迅速发展和广泛应用，让我感到既兴奋又紧张。我为 AI 技术所展现出的"智能"潜力而兴奋，这些技术不仅能自动生成文本、图像，甚至还能编写代码，这又让我感到了程序员可能被替代的紧迫感。然而，无论怎样，大模型的强大魅力始终不断吸引着我。

我对大模型的探索始于对 OpenAI 的关注，之后我逐渐深入理解了大模型的开发过程。作为一名程序员，我更倾向于通过编写代码来使用和理解这些大模型。一次偶然的机会，我从师兄胡浩文（神州数码武汉研发中心的技术总监）那里了解到业内都在使用 LangChain 进行大模型的开发，他所在的团队正在使用 LangChain 进行相关的开发工作。这像是给我打了一针兴奋剂，于是我开始对 LangChain 进行疯狂的研究。LangChain 是在 2022 年 10 月推出的一个新框架，很快就在业界获得了广泛的认可。我通过官方文档和各大博主的实战案例，深入地体验了 LangChain，并发现自己对其越发痴迷。我有一个习惯，就是用笔记记录技术探索的成果，这些笔记和代码示例最终被我整理成了《大语言模型开发训练营：LangChain 实战》视频课程，该课程在 51CTO 视频学堂发布后，受到了一致好评。

AIGC 领域的发展极为迅猛。自 2023 年起，我应 51CTO 精品直播课的邀请，开始教授 AIGC 相关课程，其中以 LangChain 的实战开发为教学重点。目前，我已开设两期课程，内容获得了学员们的一致好评。这段培训经历，也帮我结识了不少企业的朋友，从而让我有机会参与企业知识库的搭建，积累了丰富的实战经验。

我在学习、教学和项目实战中积累了丰富的经验，我决定将这些宝贵的知识和经验汇集成书，以《LangChain 实战：大模型应用开发实例》为题，向广大程序员介绍在 AIGC 时代如何利用 LangChain 这一强大的工具，帮助他们开发和创新应用。

这本书包括哪些内容

这是一本全面介绍 LangChain 框架及其应用的图书。本书按照 LangChain 的核心组件和功能划分章节，逐步引导读者深入理解并有效利用这一强大工具。具体内容安排如下。

第 1 章　携手大模型与 LangChain，迈向 AI 新纪元

介绍大模型的发展和 LangChain 的功能与组件。

第 2 章　LangChain 探索之旅：准备与初始配置

介绍如何安装和配置 LangChain 环境，这是开始探索 LangChain 世界的基础。

第 3 章　驾驭大模型的输入与输出

聚焦于模型输入 / 输出组件，介绍如何与大模型（如 GPT-3.5 Turbo、LLaMA 2）进行交互，包括提示模板、模型和输出解析器的使用。

第 4 章　检索技术

展示如何从特定数据源中检索信息，包括文档加载、文档转换、向量存储等功能。

第 5 章　链组件

介绍如何构建调用序列链以执行复杂任务，包括模型输入 / 输出和检索操作的组合使用。

第 6 章　高效 AI 聊天机器人：借助记忆组件优化交互体验

着重讲解如何使用记忆组件记录聊天上下文和应用状态。

第 7 章　代理与回调组件：实时交互与智能监控

分别介绍代理和回调组件。代理组件用于选择并应用工具，而回调组件则有助于调试和监控应用程序的执行。

第 8 章　大模型项目实践：从理论到应用的跨越

通过各种实际项目案例（如生成知识图谱、企业知识库构建、用户评论分析、大模型微调等），帮助读者灵活掌握 LangChain 在实战中的应用。

第 9 章　LCEL 技术深掘：构建高效的自动化处理链

介绍 LCEL 的概念和功能，为读者提供关于 LangChain 更深层次的理解和应用。

每章内容不仅包含理论讲解，还配有图解和实际案例，以便读者更好地理解和应用 LangChain。

如何阅读这本书

本书为不同层次的读者设计了灵活的阅读路径，既适合初次接触 LangChain 的新手，也适合已有 LangChain 经验的开发者。

对于初学者：

(1) 逐章阅读。建议从第 1 章开始，按顺序阅读。这样可以逐步增进对 LangChain 整体架构和各个组件的理解。本书从安装配置到高级应用逐步深入，每一步都为下一步打好了基础。

(2) 重点关注六大组件。全书围绕 LangChain 的六大核心组件展开，每个组件都有专门的章节进行详细讲解。通过对这些组件的学习，你将对 LangChain 有一个全面的了解。

(3) 案例学习。本书以自动客服系统为例，通过这个常见的业务场景来展示大模型如何为业务带来便利。这些实际案例将帮助你更好地理解理论，并将知识应用于实践。

对于有经验的读者：

(1) 按需选择章节。如果你已经开始使用 LangChain 或对某些方面比较熟悉，可以直接跳到感兴趣的章节进行深入学习。每章都是相对独立的，可以单独阅读。

(2) 实战案例深化理解。通过阅读书中的实战案例，可以在实际应用中加深对 LangChain 的理解。特别是第 8 章提供的多个项目实例，将帮助你了解 LangChain 的高级应用。

从这本书中能够收获什么

本书将为读者提供丰富的知识和实用技能，帮助你深入理解并有效运用大模型，特别是 LangChain，从而把握 AIGC 市场的先机。本书或许能在以下几个方面为你提供借鉴。

(1) 抢先进入 AIGC 市场：随着人工智能的快速发展，AIGC 领域正迅速扩展。本书提供的知识和技能将帮助你进行 AIGC 应用的开发。

（2）学习大模型开发：你将学习到如何开发和应用大型语言模型，如 GPT-3.5 Turbo、LLaMA 2 等。这些技能对于理解当前的 AI 技术趋势至关重要。

（3）深入理解 LangChain：LangChain 作为大模型开发的脚手架工具，正在被越来越多的开发者和企业使用。本书将帮助你深入理解 LangChain 的架构和运作原理。

（4）解决实际问题：本书的案例和练习都是基于实际问题设计的，这将帮助你将所学技能应用于解决实际的业务和技术挑战。

（5）延长职业生涯：掌握 LangChain 和大模型的开发能力，将为你的职业生涯拓展新维度，为你提供更多的发展机会和职业选择。

哪些人适合读这本书

本书面向广泛的读者群体，特别适合以下人群。

（1）AI 爱好者和自学者：如果你对人工智能和机器学习充满兴趣，渴望通过自学深入了解这一领域的最新动态和技术，这本书是你的理想选择。书中提供了大量实际案例，帮助你将学到的理论知识应用于实践。

（2）软件工程师：对于已有编程基础的软件工程师来说，本书是你进入人工智能领域的跳板。如果你希望扩展技能集，并在 AI 领域寻找新的发展机会，这本书将为你提供必要的知识和技能。

（3）IT 专业人士：对于那些已经在 IT 行业工作，但希望掌握最新 AI 技术的专业人士，这本书能够帮助你了解和应用 LangChain 等先进工具，从而在工作中保持竞争力。

（4）学生和研究人员：对于在学习或研究人工智能和相关领域的学生和研究人员，这本书提供了理论和实践相结合的学习材料。

（5）企业决策者和技术领导者：如果你是企业的决策者或技术领导者，希望理解 AI 技术如何应用于业务，这本书能够为你提供宝贵的见解。

关于 LangChain 的版本和代码

本书在介绍 LangChain 时，采用的是 LangChain 0.1 版本。由于 LangChain 是一个仍在活跃发展中的框架，在本书完稿后，LangChain 可能仍会有新的功能和改进陆续推出。因此，在实际应用中，读者可能会遇到一些本书中未覆盖的新功能或变化。

为了更好地帮助读者理解和实践，本书中的代码示例将以 Jupyter Notebook 的形式呈现。我们会详细介绍每段代码的功能和作用，确保即使是初学者也能够跟随步骤进行实践和学习。读者可以在阅读的同时动手实践，通过实际操作来加深对 LangChain 及其在大模型开发中如何应用的理解。

在使用本书提供的代码和示例时，要考虑到 LangChain 不同版本的差异可能会带来的影响。如果在实际应用中遇到问题，可以查阅 LangChain 的官方文档，或者参与相关的在线社区和论坛，以获取最新的信息和帮助。

感谢

写书是一段漫长而又充满挑战的旅程。从最初的构思、大纲整理，到资料搜索、内容编撰，再到审稿和校验，每一步都耗费了大量的时间和精力。在这个过程中，许多人给予了我宝贵的帮助和支持，我衷心感谢他们。

首先，我要感谢我的挚友吴晖和胡浩文，是他们引领我进入 LangChain 的奇妙世界。在大模型应用开发的过程中，他们与我进行了深入的交流和讨论，帮助我更好地理解和掌握 LangChain 的精髓。

特别感谢 51CTO 的孙淑娟、陈婵和嘉嘉老师。他们给予我在 AIGC 直播课上教学的机会，让我有更多的舞台去深入研究和分享 LangChain 的知识，这对我的成长和本书的写作都有着不可估量的影响。

我还要特别感谢人民邮电出版社图灵公司的王军花和陈思贝编辑。在写作的每个阶段，他们都给予我很多的帮助和指导，他们的专业意见和无私指导是我写作路上的灯塔。

同时，也感谢我的同事和领导们，在我一边工作一边写作的过程中给予的巨大支持，特别是汪求学和黎朝晖等人，他们的理解和鼓励是我坚持下去的动力。

最后，我要感谢我的家人。我的父亲在文学上对我有着深远的影响，我的妻子在我写作期间给予了无尽的支持和理解。还有我 13 岁的女儿，她一直在关注并支持着我。没有他们的爱和鼓励，我无法完成这本书。

目　录

第 1 章

携手大模型与 LangChain，迈向 AI 新纪元

摘要

　　本章首先描述了自 2020 年以来大模型（large language model，LLM）的快速进展和广泛应用，特别是突破性模型如 GPT-3、GPT-4 和 LLaMA。在揭开大模型神秘面纱的同时，告诉大家在大模型开发中我们所处的位置，明确开发目标。接着，利用 LangChain 框架展示如何开发大模型应用，让读者了解如何利用 LangChain 组件，解决模型选择、提示词设置、外部数据接入等实际开发中的问题。最后介绍本书的主要内容，包括 LangChain 的核心组件，如模型输入 / 输出、检索、链和代理等。

1.1　大模型：不仅火热，更是未来

大模型正如火如荼地发展，特别是在近几年，一系列突破性成果的发布令人瞩目。以 OpenAI 公司为例，2020 年 4 月，神经网络 Jukebox 问世；紧接着，GPT-3 于 2020 年 5 月发布，凭借其惊人的 1750 亿的参数量成为焦点；同年 6 月，针对 GPT-3 的 API 接口也随之开放。2021 年，OpenAI 更是一鸣惊人，先后发布了 CLIP 和 DALL-E，这两个模型在文本与图像处理方面表现出色。到了 2022 年 11 月，OpenAI 正式推出了对话交互式的 ChatGPT，它引入了基于人类反馈的强化学习（reinforcement learning from human feedback，RLHF）技术和奖励机制，在短短几个月内便席卷全球。

在 2023 年，大模型的发展持续加速，OpenAI 在 3 月发布了 GPT-4 模型，这个模型不仅展示了复杂问题推理能力、高级编码能力和在多个学术考试中的熟练程度，还展示了接近人类水平的表现能力。与 ChatGPT-3.5 相比，GPT-4 在多个类别的事实评估中得分都优于 GPT-3.5。例如，在模拟的律师资格考试中，GPT-4 的得分在考生中排名前 10%，而 GPT-3.5 的得分则在后 10%。在法律案例预测中，GPT-4 的准确率高达 88%，而 GPT-3.5 则为 81%。OpenAI 还利用基于人类反馈的强化学习和领域专家的对抗测试，使 GPT-4 模型更符合人类的需要。GPT-4 模型经过超 1 万亿个参数的训练，并支持多达 32 768 个 token 的上下文长度。这个模型被认为是 2023 年最好的大模型，尽管它的响应速度较慢，但仍被强烈推荐用于正规工作场景。

此外，Meta 公司也在 2023 年发布了名为 LLaMA 的大模型，这个模型的最大版本具有 650 亿个参数。最初，LLaMA 只对经过批准的研究人员和开发人员开放，但现在已经开放源代码，使更多人可以使用、测试和实验。

2023 年还见证了大型多模态模型（large multimodal model，LMM）的崭露头角，其中 GPT-4V(ision) 模型通过集成视觉理解能力，为大模型带来了多感官技能，从而实现了更强的通用智能。

同时大模型的不断发展也在推动 AIGC（人工智能生成内容）应用在多个行业的扩展，包括 B2B 和 B2C 市场。

B2B（企业对企业）：大模型在专业生成内容（professionally generated content，PGC）领域的应用极为广泛，它能够提高内容创作的效率，企业知识库、多文档检索、智能客服、企业知识图谱的应用都在全面开花。特别是在人力资源紧缺的情况下，AIGC 能有效降低内容生产的成本。其主要客户群体包括资讯媒体、音乐流媒体服务、游戏开发公司、视频平台以及影视制作公司等。

B2C（企业对消费者）：通过大模型驱动的 AIGC，能为用户提供灵感，使得无须具备深厚的专业知识，每个人都有可能成为创作者。普通人通过 ChatGPT、Midjourney 这样的 AI 工具就可以生成文字和图片，创作的门槛大大降低了。

其实说了这么多，无非就是说大模型有多么强大，应用多么广泛，发展多么迅速，甚至会改变我们的工作和学习生活。不过，对我们个体而言，又意味着什么呢？是使用 ChatGPT 完成公文写作，还是利用 Midjourney 完成海报设计？对于 IT 从业者或者应用开发者来说，这些远远不够，我们希望了解更多，了解如何利用大模型开发出自己的应用，例如聊天机器人、企业的本地知识库、用户评论分析系统，以及企业知识图谱系统等。

以我为例，对大模型的了解越深入，想要开发自己的应用的想法就越强烈，此时我发现了LangChain。LangChain 是一个专为开发由语言模型驱动的应用而设计的框架，用户可以利用其提供的组件快速搭建项目。简而言之，LangChain 之于大模型开发，就好像 Spring 之于 Java 开发，LangChain 就像一个大模型开发的脚手架，集成了所有工具，包括模型接口、数据连接、代理、上下文记忆和链等。

LangChain 大大降低了大模型开发的难度，我不仅将其应用到实际项目，帮助企业完成应用的开发，同时，也将 LangChain 搬上了直播的课堂，在 51CTO 的直播精品课上，我与广大学生交流学习 LangChain 的心得。本书将我近一年来对 LangChain 的应用与教学经验呈现给大家。本书通过代码实践的方式，讲解 LangChain 的组件、架构以及项目应用，让读者轻松入门大模型的开发。在大模型引领的 AI 时代，让我们不仅成为游戏的玩家，也成为游戏的开发者！

1.2 大模型揭秘：从数字到现实

既然要进行大模型开发，就得先了解大模型，这个词在很多地方都会看到，与之相伴的都是"大量数据""多参数""巨大算力""超强能力"，让人觉得特别"高大上"。大模型看似高深，其实简单！

大模型 = "大" + "模型"。

这里的"模型"指的就是函数。对！就是我们初中学习的函数，例如：$y = ax + b$。a 和 b就是函数的参数，通过这个函数我们可以知道，当 x 变化的时候，y 是如何变化的。通过对参数 a 和参数 b 的优化，对函数进行调优，让函数可以解决更多的问题。同理，通过把现实世界映射到函数上，从而发现规律，然后利用这些规律来帮助我们解决问题，甚至预测未来。说白了模型（函数）就是将现实世界映射到数字世界，让复杂问题可以通过数学运算解决。

　　但是，现实世界的问题往往非常复杂，一个简单的模型很难完整地描述。以西瓜为例，它具有不同的属性，如颜色、大小、重量、味道和纹理等。为了准确描述和理解西瓜的这些属性，我们需要很多参数来对其进行描述。这就是大模型中的"大"了，例如，GPT-4 模型就拥有超过 1 万亿个参数，这些参数使得 GPT-4 能够理解和生成复杂的文本，具有接近人类水平的表现。这个"大"还体现在训练数据上，模型的能力是训练出来的，就好像教学生解决数学问题，如果不进行足够的练习和测试，学生很难在考试中取得好成绩。类似地，如果不对模型进行训练，模型也很难在实际任务中表现良好。GPT-4 官方虽然没有公布训练数据的具体数字，但是我们知道 GPT-3 的训练数据量为 45TB，这个数据是什么概念？维基百科的数据只占其总量的 0.6%。看来这个"学生"学了不少东西，妥妥的一位学霸。

　　除了"大"以外，大模型还具备通用性，它们被设计成能够处理多种不同的任务和问题，而不仅仅限于特定领域，也就是什么都学。以 GPT 为例，它能够理解和处理自然语言，捕捉语言中的通用模式和结构。然而，这种通用性引发了对计算资源的巨大需求。大模型的训练和运行需要大量的计算资源，包括高性能的 GPU 和大量的内存。

　　GPT-3 的训练需要 3200 个图形处理单元（GPU），使用了 1024 个 A100 GPU，训练 GPT-3 模型一次至少需要一个月。一项 2021 年的研究估计，GPT-3 的训练产生了大约 550 吨二氧化碳，这相当于 120 辆汽车一年的排放量。

　　说了这么多，其实我想表达的是，大模型太大了，训练需要的数据集大、参数多，训练需要的资源多，训练周期长。如此高的投入，像极了培养一位受过良好教育的高校毕业生。对于普通人而言，训练出这么一个学霸成本太高，所以我们不需要训练，我们把这个"学霸"拿过来用就好了。

　　在大模型领域，高昂的训练成本往往让开发者望而却步，然而，一些研究机构和公司通过建立平台，为开发者提供了利用大模型自主开发应用的机会。也就是说，那些具备技术和资源的大公司已经完成了模型的训练，并将其开放给大众使用。

　　OpenAI 平台：OpenAI 提供了一个开放平台，允许开发者利用其 GPT（generative pre-training）模型，该模型能够理解自然语言和代码。OpenAI API 可应用于几乎任何需要理解或生成自然语言和代码的任务，还可用于生成图像或将语音转换为文本。

　　百度智能云千帆大模型平台（后面简称"百度千帆"）：百度千帆是一个企业级大模型平台，

覆盖超过 400 个应用场景，包括金融、制造业、能源、政府事务和交通等。该平台在 2023 年全面升级，发布了百度千帆 2.0，它提供了一整套工具，帮助企业利用大模型解决实际问题。

当然，用 OpenAI 或者百度千帆是要收费的，毕竟训练模型是有成本的。不过，有收费平台自然就有免费平台。其中一个非常著名的平台是 Hugging Face。Hugging Face 专注于自然语言处理（natural language processing，NLP）和人工智能（artificial intelligence，AI）技术的研究、开发和应用。它是一个开放的、易于使用的平台，让研究人员和开发者能够访问和利用众多预训练的大模型，如 BERT、GPT-2、GPT-3 等。通过 Hugging Face 的 Transformers 库，用户可以非常方便地加载这些预训练模型，并将它们应用于各种 NLP 任务和应用，如文本分类、情感分析、机器翻译和问答系统等。同时，用户还可以在平台上搜索、分享和下载大量的预训练模型和数据集。

通过这些平台，开发者可以利用已有的大模型，而无须自己从头开始训练，开发出符合自己需求的应用。这不仅降低了开发成本，也为那些没有足够资源支撑独立训练大模型的开发者提供了可能。同时，这些平台的存在也降低了大模型研发和应用的门槛，让更多的人能够利用这些先进的技术来解决实际问题。

1.3 LangChain：你的大模型工具箱

既然大模型是一个强大的"学霸"，它学习了网络上能够找到的所有语料，集合了人类知识的精华，那么直接使用大模型是否就能够开发出我们的应用了呢？答案是否定的，因为大模型的强项是理解和生成能力，而在聚焦专业知识、与其他系统协同工作、获取实时信息、记忆上下文等方面并不在行。例如我们要开发一款智能聊天机器人，能够回答用户提出的任何问题（就好像 ChatGPT 一样）。

在创建一个智能聊天机器人的过程中，我们会遇到许多实际问题和挑战。首先，由于大模型本质上是"通才"，它们能够处理多种通用问题，但对于特定行业的问题，则需要更专业、微调过的大模型。例如，在回答医疗行业的问题时，我们可能需要调用一个针对医疗领域微调过的大模型。

在处理不同行业的问题时，就需要实现一个"模型接口"，能够根据问题的不同，动态地选择和调用最适合的大模型。同时，不同行业的聊天需求也会对应不同的提示词。以医疗行业为例，我们可能会给大模型添加一个提示词，如"我想让你作为一名内科医生，帮我解答问题"，以帮助大模型更好地理解和响应用户的问题。

而聊天机器人的输出内容，可能需要按照特定的格式输出，如 JSON 或 XML。格式化输出可以方便用户或其他系统组件理解和处理。比如：将大模型输出的内容转换成表格的形式，有可能会调用生成表格的应用，而该应用只能接收 JSON 格式的文件。但是，大模型本身并不支持这种格式化输出，这就需要我们额外实现一个"输出格式化"模块。

此外，大模型也无法提供实时的信息，比如天气预报。当用户需要获取这类实时信息时，我们需要借助外部工具或 API 进行搜索和获取。这就是另外一个需要实现的模块——"外部数据接入"。

再者，聊天的过程中，保存对话的上下文信息是非常重要的，例如记住客户的姓名、客户想了解的话题、聊天的进度等。这需要我们实现一个"上下文管理"模块，以记录和利用这些上下文信息，确保聊天的连贯和准确。

由此看来，大模型虽然强大，但是也有力所不及的地方。这些能力的空白就可以由 LangChain 来填补。

如此一来，我们开发大模型的思路似乎清晰了。如图 1-1 所示，最左边我们称之为"基础层"，这里是由大厂提供的大模型，例如 GPT-3.5、BERT、LLaMA 2、GLM 等。这些属于通用大模型，也就是"通才"，意思是什么都懂，我们需要通过使用提示模板、模型接口、记忆、代理等方式让这些"通才"发挥更强大的作用，使其变为"专才"，这样才能服务好最右边的应用层。应用层包括终端用户能够接触到的应用，例如聊天机器人、客服代理或内容创作工具等。

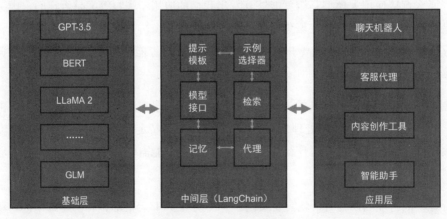

图 1-1　大模型开发的分层

综上所述，大模型虽然强大，能够回答各种问题，但要构建一个完整的应用，仅仅依赖大模型是远远不够的，还需要解决模型选择、提示词设置、输出格式化、外部数据接入、上下文记忆等多个方面的问题。而 LangChain 正是为解决这些问题而生的。它提供了一整套组件，帮助开发者轻松应对这些挑战，实现 AI 应用的开发。

1.4　LangChain 探索：开发的第一步

前面简单介绍了 LangChain 的各种功能，现在用一段代码来展示使用 LangChain 的开发效果。假设以下场景：我们想要开发一个自动客服的应用，在这个应用中，大模型需要扮演技术支持、销售顾问、账户管理、订单支持、咨询顾问等不同角色，回答客户提出的问题。而客户提问将会涉及产品、技术、账户、订单、付款和投诉等。

如下代码示例展示了如何使用 LangChain 与基于 GPT-3.5 Turbo 的大模型交互，以生成对特定主题（例如"产品咨询"）的响应。代码流程包括初始化大模型、创建和格式化提示模板，以及通过大模型生成和输出响应。

```
from langchain_core.prompts import ChatMessagePromptTemplate
from langchain_community.llms import OpenAI

#1 初始化大模型
llm = OpenAI(model_name = "gpt-3.5-turbo")

#2 创建提示模板
prompt = "我可以如何帮助您解决 {subject} 的问题？"

#3 给提示模板一个角色
chat_message_prompt = ChatMessagePromptTemplate.from_template(role = "销售顾问", template = prompt)

#4 填写模板的内容
formatted_prompt = chat_message_prompt.format(subject = "产品咨询")
prompts = [str(formatted_prompt)]

#5 让大模型进行回答
response = llm.generate(prompts)
print(response)
```

代码被分成了如下几个步骤。

(1) 导入所需的类

from langchain_core.prompts import ChatMessagePromptTemplate：导入 LangChain 库中的 ChatMessagePromptTemplate 类，用于创建和处理提示模板。

`from langchain_community.llms import OpenAI`：导入 LangChain 库中的 OpenAI 类，用于与 OpenAI 的大模型交互。

(2) 初始化大模型

`llm = OpenAI(model_name = "gpt-3.5-turbo")`：初始化一个 OpenAI 对象，并指定要使用的模型名称为 gpt-3.5-turbo。

(3) 创建提示模板

`prompt = "我可以如何帮助您解决{subject}的问题？"`：创建一个提示模板，其中 {subject} 是一个占位符，将在后面被实际主题替换，例如：产品、技术、账户、订单、付款和投诉等。

(4) 给提示模板一个角色

`chat_message_prompt = ChatMessagePromptTemplate.from_template(role = "销售顾问", template = prompt)`：创建一个 ChatMessagePromptTemplate 对象，指定角色为"销售顾问"，并使用之前创建的提示模板。这里的 role 在后期也可以灵活配置，比如更换成技术支持、订单支持等。

(5) 填写模板的内容

`formatted_prompt = chat_message_prompt.format(subject = "产品咨询")`：通过 format() 方法替换提示模板中的 {subject} 占位符，使其具有实际的主题"产品咨询"。

`prompts = [str(formatted_prompt)]`：将格式化后的提示转换为字符串，并将其放入一个列表中，以符合 llm.generate() 方法的输入要求。

(6) 让大模型进行回答

`response = llm.generate(prompts)`：调用 llm.generate() 方法，传递格式化后的提示列表，以指导大模型生成响应。

`print(response)`：打印大模型生成的回答。

以上代码将自动客服的服务者 role 与服务内容 subject 在提示模板 prompt 中进行整合，从而组合成不同的提示词，再把提示词告诉大模型。通过这种方式，让大模型从"通才"变成"专才"。

运行代码，结果如下。为了展示方便，我们省略了系统的输出信息，只保留大模型的响应。

作为销售顾问，我可以帮助您解决产品咨询的问题。如果您对我们的产品有任何疑问或需要了解更多信息，我会很愿意提供帮助。请告诉我您想了解的具体内容，我将尽力为您提供准确的信息和建议。

细心的同学可能注意到了，我们选择的大模型是 GPT-3.5 Turbo，而调用该模型需要通过 OpenAI 的 API 接口，这不可避免会涉及网络连接的问题。在实际开发过程中，我们经常会遇到类似问题，例如网络连接的稳定性和模型的适配性。LangChain 考虑到了这一点，只需要调整部分代码。在大模型初始化阶段，我们改用百度千帆大模型平台提供的模型：Qianfan-Chinese-Llama-2-7B 。这个模型是在 LLaMA 2 模型的基础上进行中文微调得到的。代码如下：

```
from langchain_core.prompts import ChatMessagePromptTemplate
from langchain_community.llms import QianfanLLMEndpoint

#1 初始化大模型
llm = QianfanLLMEndpoint(model="Qianfan-Chinese-Llama-2-7B")

#2 创建提示模板
prompt = "我可以如何帮助您解决 {subject} 的问题？"

#3 给提示模板一个角色
chat_message_prompt = ChatMessagePromptTemplate.from_template(role = "销售顾问", template = prompt)

#4 填写模板的内容
formatted_prompt = chat_message_prompt.format(subject = "产品咨询")
prompts = [str(formatted_prompt)]

#5 让大模型进行回答
response = llm.generate(prompts)
print(response2)
```

从代码内容可以得知，我们通过访问百度千帆大模型平台就可以访问其提供的大模型。LangChain 集成了各个常见大模型平台的访问方式，QianfanLLMEndpoint 就是其中一种。通常这些平台都会通过 URL 的方式提供模型访问的服务，而 LangChain 进一步封装了这些服务，简化了访问流程，方便应用的开发。

调用模型的代码可以进一步封装，以适应不同的业务需求，并且允许开发者根据具体场景选择合适的大模型，这里我们不展开说明。来看看百度千帆大模型的回答：

您好，作为销售顾问，我可以帮助您解决产品咨询的问题。如果您有任何关于我们产品的疑问或需要了解更多信息，请随时联系我。我将竭尽所能为您提供最详细和准确的信息，以帮助您做出明智的购买决策。如果您已经了解了我们的产品，但仍然有任何问题或疑虑，请告诉我。我将与您合作，以确保您对我们的产品有充分的了解，并帮助您解决任何问题。总之，作为销售顾问，我的职责是帮助您了解我们的产品，并提供最佳的购买建议。如果您需要任何帮助或支持，请随时联系我。

1.5　内容导览：与 LangChain 共创未来

通过上面的代码，我们展示了 LangChain 调用和集成大模型的能力，然而 LangChain 所具备的能力不止于此。如果客户需要咨询商品信息，大模型就"无能为力"了，此时需要将商品信息形成商品库存储到向量数据库中，再让大模型调用向量数据库去回答客户的问题。而这个向量数据库的内容，需要经过文档加载器加载事先上传的文档，然后才能保存。此外，必须提供检索器帮助应用查找对应的商品信息。

再比如，外部的物流系统向自动客服系统询问商品信息，此时大模型返回的信息就不是自然语言了，而是系统能够识别的结构化信息。因此需要利用输出解析器完成格式化的转换工作。

当客户需要查询商品物流信息时，我们的应用就需要与物流系统对接，将大模型返回的响应格式化成物流系统能够接收的文件格式（例如 JSON 格式），再发送给物流系统进行查询。

如果此时自动客服系统需要搜索网络信息，就要借助外部的应用和工具。整个应用的执行情况都需要通过应用回调的方式进行记录。

在客服与客户聊天的过程中，需要记住聊天上下文的信息，例如客户的姓名、咨询的事项等。

我们把上述提及的功能通过图 1-2 展示出来。

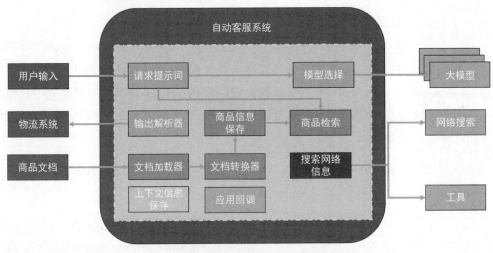

图 1-2　自动客服系统的功能概要

实际上，这个自动客服系统所涉及的功能就是 LangChain 提供的组件模块，我们将图 1-2 进行抽象得到图 1-3。

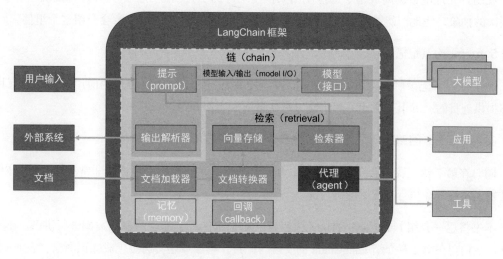

图 1-3　LangChain 框架的组件概要

如图 1-3 所示，我们将 LangChain 的各大组件进行了标注。

1. model I/O（模型输入 / 输出）

此组件提供了一个接口，使开发者能够与大模型（如 GPT-3.5 Turbo、LLaMA 2）进行交互。该组件包含输入、模型接口和输出解析器。通过此接口，开发者可以发送输入到模型，并接收模型生成的输出。这部分的内容会在第 3 章给大家介绍。

2. retrieval（检索）

此组件为开发者提供接口，从应用特定的数据源中检索信息。从名字上看是对信息进行检索，实际上它还包括文档加载、文档转换、向量存储等功能。第 4 章会介绍这部分内容。

3. chain（链）

第 5 章会详细讲解链，此组件允许开发者构建一系列的调用序列，以执行更复杂的任务。通过组合不同的模型输入 / 输出和检索操作，开发者可以创建能够处理多步任务的链。例如，一个链可能首先从数据库中检索信息，然后将该信息发送到大模型以生成响应。

4. agent（代理）

此组件允许链根据高级指令选择使用大模型之外的工具和应用。这为开发者提供了一个更高层次的抽象，使他们能够根据应用的需求动态地调整链的行为。第 6 章会介绍这个组件。

5. memory（记忆）

此组件用来记录聊天上下文的信息以及应用状态，对于聊天机器人的应用来说非常有用，能够提供连贯的、和上下文相关的响应。第 7 章向大家作介绍。

6. callback（回调）

同时在第 7 章，我们会介绍回调，此组件对于调试和监控应用的执行非常有用，也可以帮助开发者理解链在执行过程中的行为。

本书将逐一介绍 LangChain 的这几大组件。每个组件都会配合图解和案例进行讲解。除此之外，我们会在第 2 章介绍 LangChain 的安装与配置。第 8 章还会通过生成知识图谱、企业知识库、用户评论分析、大模型微调等项目实例，帮助读者灵活地掌握 LangChain 的实战用法。最后的第 9 章会介绍 LangChain expression language（LCEL）的概念和功能。

1.6　LangChain 的整体框架

前面我们对 LangChain 的几个重要组件进行了介绍，这些组件构成了本书的主要内容。需要说明的是，虽然本书聚焦于 LangChain 的各个组件，但这些组件仅仅是 LangChain 框架的一部分。LangChain 本身正在不断发展中，其组件的推出也有一定的顺序。为了提供一个更全面的视角，本节将概述 LangChain 的总体架构，让大家了解它的全貌。如图 1-4 所示，LangChain 由几个关键部分构成，从上到下分别是 LangSmith、LangServe、template（模板）、LangChain library（LangChain 库）。我们将逐一介绍这些组成部分。

- LangSmith：这是 LangChain 框架中的一个重要工具。它专为应用在开发阶段的调试、应用效果的评估，以及应用程序部署之后的测试和监控而设计。它与 LangChain 无缝集成，提供了一个全面的开发者平台，为大模型应用的开发与运行保驾护航。
- LangServe：允许 LangChain 应用通过 REST API 的方式对外提供服务。这种设计在实际应用场景中实现了应用层和展示层的有效分离，使得大模型应用能够更加灵活地为其他应用提供服务，从而促进与其他系统集成的便利性。

图 1-4　LangChain 框架的组成部分

- template：LangChain 还提供了一系列的部署模板，即 template。旨在简化应用通过 LangServe 进行部署的过程。它包含了一系列大模型的参考架构，使得开发者可以快速搭建自己的应用。
- LangChain 库：包括 LangChain、LangChain-Community 和 LangChain-Core，三者涵盖丰富的应用和集成接口，LangChain 支持将这些组件组合成链和代理，通过这种方式，开发者可以完成大模型的开发和应用工作，而这也是本书重点探讨的内容。

这些组件的存在简化了大模型应用项目的生命周期：

(1) 开发阶段。使用 LangChain 库提供的功能编写应用。

(2) 运行阶段。在应用开发完成后，可以使用 LangSmith 来检查、测试和监控链的运行情况，从而确保其可靠性。

(3) 部署阶段。通过 LangServe，开发者可以将链转换为 REST API。

在 2024 年 1 月推出的 LangChain 0.1 版本中，LangChain 库分为 LangChain、LangChain-Community、LangChain-Core 三个部分。LangChain 0.1 版本的库由以下三个包组成。

- langchain-core：基本抽象和 LangChain 表达式语言，存放 LangChain 的核心代码。
- langchain-community：主要负责第三方集成，包括与其他大模型平台对接、向量数据库的应用、代理工具及缓存的应用。
- langchain：构成应用认知架构的链、代理和检索策略，包括提示模板、检索器和链的使用。

1.7　总结

大模型的飞速发展为 B2B、B2C 市场和开发者带来了新的机遇和挑战，特别是在内容生成、智能客服和创意设计等领域，大模型的应用表现十分出色。本章通过对 LangChain 框架以及实际应用示例的介绍，为开发者提供参考，展示了如何利用现有的大模型结合 LangChain 的组件，应对开发中的挑战，实现自定义的 AI 应用开发。同时，通过图解和描述，帮助读者理解和应用大模型及 LangChain 库的用法，也介绍了本书所要介绍的主要内容。

第 2 章

LangChain 探索之旅：
准备与初始配置

摘要

在开始学习 LangChain 前，需要做一些准备工作。本章首先介绍如何安装 LangChain。随后，本章说明了本书所使用的编程环境和工具，本书的示例将使用 Python 3.X，并以 Jupyter Notebook 的形式展示代码。集成开发环境（IDE）的选择面比较广泛，包括 Google Colab、Anaconda 和 Visual Studio Code。接着介绍如何通过 OpenAI 和百度千帆平台的 API 调用大模型，并通过简单的例子解释如何通过 API 的方式初始化大模型。此外，还简单介绍了 LangChain 支持的其他大模型平台和相关资源。通过本章的学习，读者可以对如何准备和配置 LangChain 有一个基本的理解，为后续的开发工作打下基础。

2.1　LangChain 安装：步骤简单

LangChain 的安装非常简单，使用 pip 命令就可以轻松搞定。如图 2-1 所示，打开官网，通过顶部的 Docs 菜单访问相关文档，在文档的 Get started → Installation 目录下就可以找到安装方法。

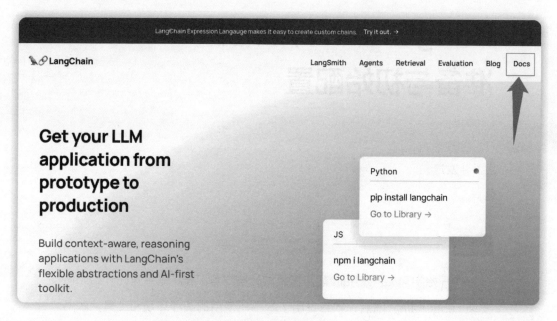

图 2-1　LangChain 官方文档入口

尽管安装步骤比较简单，这里还是简单说明一下。

使用以下命令安装 LangChain：

```
pip install langchain
```

由于 LangChain 在不断迭代，会存在不同的版本，通过上面命令会默认安装 LangChain 的最新版本。本书会使用 LangChain 的 0.1 的版本，这在提供的代码中会有体现，同时你也可以通过如下命令进行安装。

```
Pip install langchain==0.0.332
```

值得注意的是，在具体开发过程中，LangChain 会使用其他厂商开发的组件或者开源组件，我们在代码实践环节会将这些说清楚，不用担心遗漏安装任何组件。除此之外，官网还会告诉我们安装大模型供应商所需的模块，以及一些集成的模块，不过在本书的项目实战中，我们并没有遇到这些模块，因此在这里不对它们进行详细介绍。要想运行本书所用的示例代码以及 GitHub 上的项目案例，按照上述的步骤安装就够了。

2.2 环境搭建：Python 的简洁与 Jupyter NoteBook 的力量

在开始与大模型交互之前，理解使用的编程环境和工具是非常重要的。在本书的项目中，我们选择使用 Python 3.X 。Python 是目前最流行的编程语言之一，特别是在数据科学和机器学习领域。它简单易学，具有丰富的库和框架，如 TensorFlow、PyTorch 和 Pandas 等，这使得开发者能够轻松实现复杂的算法和模型。对于与大模型的交互，Python 提供了多种库和 API，这极大地简化了开发过程。

在代码展示方面，本书使用 Jupyter Notebook，它是一个开源的网络应用，允许用户创建和共享包含实时代码、方程式、可视化和解释性文本的文档。Jupyter Notebook 支持交互式编程，这意味着用户可以单独运行每个代码单元格，并立即看到输出，这对于调试和理解代码非常有用。Jupyter Notebook 允许用户在同一个文档中集成代码和文本，因此我们可以在代码旁边提供丰富的解释和注释，有助于理解和分享代码。由于它的交互性和易于共享的特性，Jupyter Notebook 成为数据科学、机器学习和教育领域的首选工具。

在本书的项目中，所有的源代码和解释都将通过 Jupyter Notebook 的形式展现，方便读者学习与实践。

集成开发环境（IDE）的选择比较宽松，只要能够支持 Jupyter Notebook 应用的 IDE，我们都可以使用，包括 Google Colab、Anaconda 和 Visual Studio Code（简称 VS Code）等。每个 IDE 都有其独特的特点和优势。

- Google Colab：Colab 提供了一个基于云的 Python 环境，能够轻松分享和协作，还提供了免费的 GPU 资源，非常适合机器学习和数据分析项目。在教学过程中我一直使用 Colab，主要因为其提供了算力资源，同时可以将代码分享到 GitHub。
- Anaconda：Anaconda 是流行的 Python 语言的数据科学平台，它附带了一个易于使用的环境管理器和大量预安装的库，方便开发者快速搭建开发环境。

- VS Code：这是一个免费、开源且强大的代码编辑器，支持多种语言和框架，提供了丰富的插件库，可以根据个人需求进行定制。一些需要在本地运行的项目会使用 VS Code，如果编辑 Jupyter Notebook 文件，需要安装对应的插件。

2.3　密钥之力：打开大模型的通道

值得注意的是，LangChain 是调用大模型的能力进行开发的，而作为普通人在本地运行大模型又是一件奢侈的事情。因此，我们会使用百度千帆平台和 OpenAI 提供的大模型，通过 API 的方式进行调用。测试表明这两个平台的模型效果还是不错的，费用也相对较低。当然，因为网络的原因，导致有些读者无法访问 OpenAI 的 API，此时可以考虑使用百度千帆大模型，大家根据情况自行选择即可。本书的案例代码都会以百度千帆大模型为主，部分例子会使用 OpenAI 的大模型。

如上所述，需要在代码调用之前定义好 OpenAI 的密钥（key）。如图 2-2 所示，访问 OpenAI 官网的 API keys 页面，点击"Create new secret key"按钮创建 key，然后将保存 key。需要说明的是，这个 key 在调用大模型时会用到。

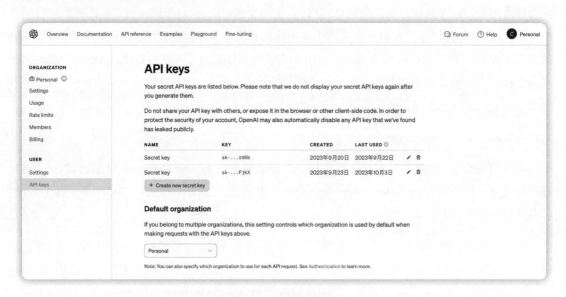

图 2-2　OpenAI API key

生成了这个 key 以后，要如何保存呢？如下面的代码所示：

```
import os
import getpass
os.environ["OPENAI_API_KEY"] = getpass.getpass(" 输入 OpenAI Key")
```

我们会通过环境变量的方式将 key 存放到 OPEN_API_KEY 中，并使用 getpass() 函数让输入 key 的过程不可见，也就是以密码的方式输入。这样每次在调用示例代码的时候，你只需要运行上面的代码，复制 key 并将其粘贴到输入框中，再回车就把 key 保存下来了。后面在调用 OpenAI 的大模型时，就不用再输入 key 了。

这里有人要问了，为什么不在初始化大模型的时候输入 key？我经常会被问到这个问题，这是因为使用 key 进行 API 调用可能会产生不必要的费用，如果你不小心泄漏了 key，白花花的银子可能就悄悄地流走了。

上面说的是如何在 Jupyter Notebook 中运行代码，保存 key。如果要在本地运行 LangChain 的代码，就需要创建一个"·env"文件，为其加入如下一行代码：

```
OPENAI_API_KEY = 你的 key
```

需要注意的是，这里"你的 key"可以不用加引号。

对于不方便使用 OpenAI 的读者，我建议你申请使用百度千帆平台的大模型。目前，千帆平台已经开通个人使用大模型的申请，只需要完成实名认证就可以，当然，模型使用也是收费的。

如图 2-3 所示，申请完毕之后，可以在"安全认证"的 Access Key 菜单中看到两个值，分别是 Access Key 和 Secret Key，其中 Secret Key 需要点击"显示"后才能看到。照例，还是将两个值保存，后面就是通过这两个值来调用大模型的。

图 2-3　百度千帆中的 Access Key 和 Secret Key

同样在示例代码运行之前，将这两个 key 保存到环境变量中，如以下代码所示：

```
import os
import getpass
os.environ["QIANFAN_AK"] = getpass.getpass(" 输入 QianFan Access Key")
os.environ["QIANFAN_SK"] = getpass.getpass(" 输入 QianFan Secret Key")
```

2.4　启动序章：大模型的调用与应用

了解了如何使用 OpenAI 和百度千帆大模型之后，我们将通过一个简单的例子给大家做一次大模型调用的演示。由于大模型的调用是之后每个示例中都会出现的内容，这里提供一个详细的讲解，后面就不重复说明了。

如果说我们需要利用 OpenAI 的 API 调用大模型，在初始化大模型之前需要运行如下代码，输入 OpenAI 提供的 key：

```
import os
import getpass
os.environ["OPENAI_API_KEY"] = getpass.getpass(" 输入 OpenAI Key")
```

接下来，引入 langchain_community.llms 中的 OpenAI 类，并且对其进行初始化，这里指定 model_name 为 gpt-3.5-turbo。当然，如果不填写 model_name，OpenAI 会选择一个默认的模型。

```
from langchain_community.llms import OpenAI

# 初始化大模型: gpt-3.5-turbo
llm = OpenAI(model_name = "gpt-3.5-turbo")
```

需要说明的是，OpenAI 支持的模型可以通过访问官网获得。

如图 2-4 所示，在 Rate limits 菜单中可以看到 OpenAI 支持的模型，以及各个模型的速率限制（rate limits），通过 TPM 和 RPM 来进行限制。TPM（tokens per minute）为一分钟内 API 可以处理的最大 token 数。在 OpenAI 的 API 中，token 通常与处理的文本字符数相对应。RPM（requests per minute）为一分钟内可以向 API 发送的最大请求次数。

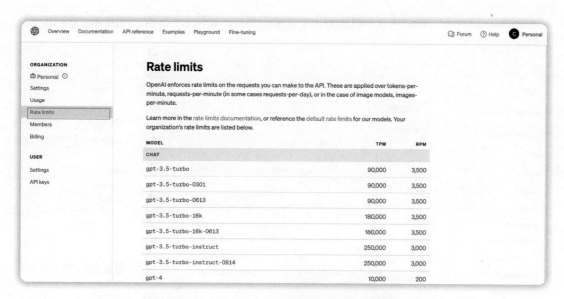

图 2-4　OpenAI 支持的模型以及其速率限制

如果使用的是百度千帆的大模型，则运行下面的代码获取百度的 key，包括 Access Key 和 Secret Key：

```
import os
import getpass
os.environ["QIANFAN_AK"] = getpass.getpass(" 输入 QianFan Access Key")
os.environ["QIANFAN_SK"] = getpass.getpass(" 输入 QianFan Secret Key")
```

接着通过如下代码使用百度千帆平台提供的大模型：

```
from langchain_community.llms import QianfanLLMEndpoint

初始化大模型 - Qianfan-Chinese-Llama-2-7B
llm = QianfanLLMEndpoint( model="Qianfan-Chinese-Llama-2-7B")
```

这里引入了 `langchain_community.llms` 包中的 `QianfanLLMEndpoint` 类，用来生成大模型。从初始化参数可以看到，使用的模型是 `Qianfan-Chinese-Llama-2-7B`，从命名上看，该模型是在 LLaMA 2 模型的基础上进行中文微调的结果。

和 OpenAI 平台一样，百度千帆也是一个大模型平台，如图 2-5 所示，可以通过官网了解模型的相关信息。

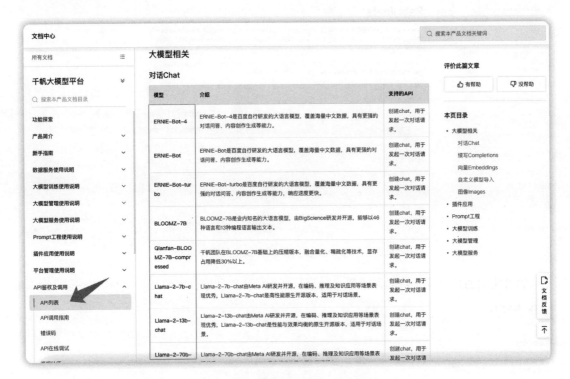

图 2-5　百度千帆支持的大模型

另外，LangChain 本身也支持不同的大模型平台，可以通过官方文档访问详细的模型信息。如图 2-6 所示，文档中除了描述模型名字，例如 Azure OpenAI，还描述了是否支持同步调用、异步调用、流式调用、异步流式调用、批量调用、异步批量调用等信息。

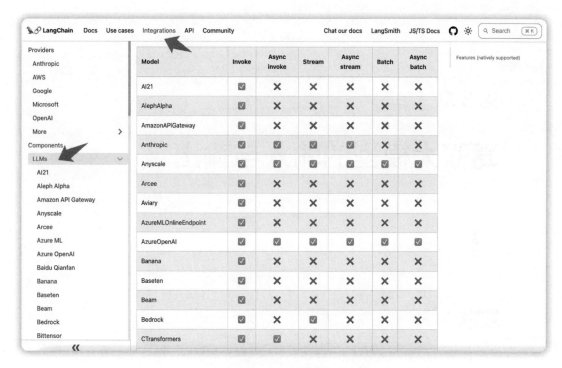

图 2-6　LangChain 集成模型一览表

2.5　总结

　　本章以准备和初始配置为核心，为接下来的 LangChain 探索之旅做好启动准备。首先简述了 LangChain 的安装过程。紧接着，对编程环境和工具进行了详细的介绍，主要围绕 Python 3.X 和 Jupyter Notebook，同时推荐了几款可选的集成开发环境，以满足不同的开发需求。然后讲解了如何通过 OpenAI 和百度千帆平台的 API 调用大模型，并通过具体的代码示例展示了如何进行密钥配置和大模型的初始化调用。最后，简要介绍了 LangChain 支持的其他大模型平台和相关的资源，为读者提供了更多的选择和参考。通过本章的学习，读者将具备基本的环境搭建和大模型调用能力，为后续深入探索 LangChain 打下坚实的基础。

第 3 章

驾驭大模型的输入与输出

摘要

　　本章从模型输入 / 输出（model I/O）的概念出发，探讨了如何通过提示模板与大模型交互以及如何优化模型的应用。首先，介绍了提示模板（prompt template）的基本概念和应用，并通过动态提示构造、角色切换和部分提示模板等多种应用场景，展示了提示模板在自动客服系统中的重要作用。随后，通过示例选择器（example selector）探讨了如何设计客服交互并归类用户请求。在模型交互核心部分，深入解析了 LangChain 框架的优势和应用，同时通过案例展示了缓存、虚拟环境构建和异步调用等技术在提升效能和优化系统交互中的价值。最后，通过介绍输出解析器（output parser）展示了如何实现输出格式的解析和自动修复，以满足 CRM（客户关系管理）系统的数据整合需求，从而为提升自动客服系统的效率和用户体验提供了有力的技术支持。

3.1　model I/O 概述：通往大模型应用的桥梁

在大模型应用中，核心就是模型本身。LangChain 提供了与任意模型接口交互的基础模块，为开发者铺设了通往模型应用的道路。

那么 model I/O 这个模块到底指的是什么呢？

model I/O = model（模型）+ I（input，输入）+O（output parser，输出解析器）

- model 指的是模型。利用 LangChain，开发者可以通过接口调用不同的模型。无论是 OpenAI 的模型，还是百度千帆的模型，LangChain 会提供统一的调用接口，这简化了与模型交互的流程。通用接口提高了开发者的效率，使得探索和尝试不同的模型变得轻而易举。

- I 指的是 input，也就是输入，它包括提示模板和示例选择器。提示模板通过对任务背景的描述，激发大模型在某方面的能力。而示例选择器是通过举例的方式让大模型了解如何响应用户的问题。正如第 1 章提到的，大模型是一个"通才"，什么都明白，但是需要适当的提示告诉它们如何响应你的问题，也就是激发大模型在某些方面的能力。

- O 指的是 output parser，也就是输出解析器，它负责对大模型响应消息的格式进行定义以及解析。这里需要注意的是，虽然叫作输出解析器，但是实际上包含输出消息的定义和解析两部分功能。通过定义和配置输出解析器，开发者可以将模型的输出格式化为所需的结构和格式，无论是简单的文本抽取，还是复杂的信息结构化和转化。该功能在与其他系统对接时非常有用，特别是生成格式化的输出，例如 JSON 和 XML 等。

对 model I/O 有了基本认识之后，我们通过图 3-1 来了解它们之间的关系。

如图 3-1 所示，先看输入组件，它包括示例选择器和提示模板。示例选择器是在用户输入的同时，由应用附加上一些例子，将这些例子和用户的输入一并交给大模型处理。附加例子的目的是让大模型更加准确地了解用户请求的意图。例如，给出一系列的例子："input：好，output：坏；input：长，output：短；input：胖，output：瘦"。这里就是在暗示大模型，当用户输入一个词以后，大模型就应该输出反义词。因此，当用户输入"快"的时候，大模型就会识趣地输出"慢"。提示模板其实和示例选择器有异曲同工之处，例如："我可以帮助您解决 {subject} 的问题"，这里的 {subject} 就是占位符，根据用户提供的问题（产品、技术、订单等）对 {subject} 进行替换，通过这种方式可以更加灵活地提示大模型处理不同的应用场景。

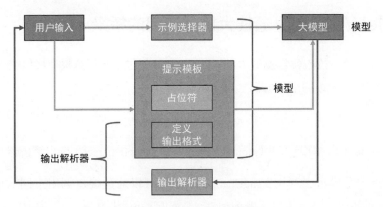

图 3-1　model I/O 示意图

最后看输出解析器，它负责输出信息格式的定义和解析。 格式定义的部分在提示模板中完成，而格式解析的部分是独立的，在大模型返回响应之后调用。

简单来说，输出通过各种"明示暗示"让大模型懂得如何响应，模型负责架起开发者与大模型之间"沟通的桥梁"，输出解析器让大模型的输出符合既定的格式要求。

接下来我们会按照输入（提示模板和示例选择器）、模型、输出解析器的顺序逐一介绍功能和应用。

3.2　提示模板探究：构筑灵活的提示体系

在提出"提示模板"这个概念之前就有了 prompt，prompt 指的是用户请求大模型的提示词，提示模板只是在 prompt 的基础上通过模板的方式，让提示词更加灵活和准确。

图 3-2 演示了提示模板的工作原理，其中如下三个步骤完成请求和响应。

(1) 用户输入的 prompt 作为提示词。

(2) 我们的应用将提示模板定义的内容和用户输入的 prompt 进行结合，生成最终提示。 也就是说，提示模板的内容是我们编写的程序提供的，可以根据不同的业务场景生成不同的提示模板，例如：医疗、教育、金融和销售等。

(3) 将 prompt 与提示模板结合之后的消息发送给大模型，大模型进行响应。

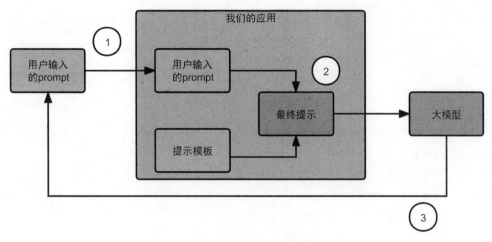

图 3-2　提示模板的工作原理

3.2.1　动态提示构造：提示模板在自动客服应用中的应用

假设我们开发了一个自动客服应用，此时需要大模型模拟客服接收用户的请求，那么就需要通过提示模板在客户的请求中加一些"佐料"，从而让大模型扮演一位客服人员，回答客户提出的问题。

由于我们使用了百度千帆平台提供的大模型，在引用相应类之前，需要安装千帆平台的组件。具体安装命令如下：

```
pip install qianfan
```

在这里特别说明一下，后面的代码示例如果存在类似的命令，就不在文中特别说明了，但是会在给大家的源代码中体现，向量数据库以及其他组件的安装也是如此。

构造提示模板的具体代码如下：

```
from langchain_core.prompts import PromptTemplate
from langchain_community.llms import QianfanLLMEndpoint
# 初始化大模型
llm = QianfanLLMEndpoint(model="Qianfan-Chinese-Llama-2-7B")
# 创建一个问题模板，其中 {Query} 为替换符，表示客户的查询
template = """
你作为一个经验丰富的客服代表，请为以下客户问题提供解答：
{Query}
"""
```

```
# 创建 PromptTemplate 对象
prompt = PromptTemplate(
    # 定义接收的用户输入变量
    input_variables=["Query"],
    # 定义问题模板
    template=template
)
# 这里是真正的用户输入，例如："如何退货？"
final_prompt = prompt.format(Query='如何退货？')

# 输出最终的用户请求
print(f"组合后的用户请求：{final_prompt}")

# 调用大模型，并输出模型的响应
response = llm(final_prompt)
print(f"大模型的响应：{response}")
```

一起来看看这段代码做了什么。

(1) 导入必需的类

from langchain_core.prompts import PromptTemplate：导入 PromptTemplate 类，用于创建和处理提示模板。

from langchain_community.llms import QianfanLLMEndpoint：导入 QianfanLLM-Endpoint 类，用于与百度千帆平台的大模型交互。

(2) 初始化大模型

llm = QianfanLLMEndpoint(model="Qianfan-Chinese-Llama-2-7B")：创建一个 QianfanLLMEndpoint 对象，指定模型名称为 Qianfan-Chinese-Llama-2-7B，以便与该模型进行交互。

(3) 创建问题模板

template = """...{Query}..."""：创建一个字符串 template，其中包含一个替换符 {Query}，该替换符将在后续步骤中被实际的客户查询所替换。

(4) 创建 PromptTemplate 对象

prompt = PromptTemplate(input_variables=["Query"], template=template)：使用 PromptTemplate 类创建一个对象 prompt，并指定输入变量和模板字符串。输入变量会

被用户的真实输入所替换，而 `template` 变量是我们在做开发时提前准备好的。

(5) 格式化模板

`final_prompt = prompt.format(Query='如何退货？')`：调用 `prompt` 对象的 `format()` 方法。在该方法中，传入实际的客户查询 `'如何退货？'` 作为 `Query` 变量的值。`format()` 方法返回一个包含实际查询的完整提示字符串。

(6) 输出最终的用户请求

`print(f"组合后的用户请求：{final_prompt}")`：使用 `print()` 函数输出最终格式化后的用户请求，以便于调试和验证。

(7) 调用大模型

`response = llm(final_prompt)`：调用 `llm` 对象（即先前初始化的 `QianfanLLMEndpoint` 对象），并传入最终的用户请求 `final_prompt`。`llm` 对象将发送请求到大模型，并返回模型的响应。

(8) 输出模型的响应

`print(f"大模型的响应：{response}")`：使用 `print()` 函数输出大模型的响应，以便于查看和分析。

下面来看看执行结果，首先显示组合后的用户请求：

组合后的用户请求：

你作为一个经验丰富的客服代表，请为以下客户问题提供解答：

如何退货？

接着是大模型返回的结果：

大模型的响应：非常感谢您的询问。如果您需要退货，以下是一般的退货流程。

1. 查看我们的退货政策：在您退货之前，请务必仔细阅读我们的退货政策。这将告诉您哪些商品可以退货，退货期限以及其他相关信息。

2. 联系客服：如果您有任何疑问或需要帮助，请联系我们的客户团队。您可以通过电话、电子邮件或在线聊天与我们联系。

---

3. 准备退货：在您退货之前，请确保商品是未使用的，与购买时的状况相同，并放回原始包装中。如果您收到的商品有任何损坏或使用痕迹，我们可能无法接受您的退货。

4. 寄回商品：一旦您准备好退货，请将包裹寄回给我们。我们建议您使用可追踪的邮寄方式，以确保您的退货顺利送达。请务必不要使用邮寄标签或包裹上的标记来显示退货原因或原因代码。

5. 等待退款：一旦我们收到您的退货并确认其符合我们的退货政策，我们将尽快处理您的退款。退款将退回到您最初使用的付款方式中。

希望这些信息对您有所帮助。如果您有任何其他问题或需要进一步的帮助，请随时联系我们的客服团队。

看来大模型返回的回答退货询问的结果还比较正规。

3.2.2 从客服到技术：ChatMessagePromptTemplate 在角色切换中的实践

通过上面的功能介绍，我们对提示模板有了一定了解。如果说在自动客服系统中大模型不仅仅要扮演普通客服，还需要扮演技术支持人员，为客户解答产品使用方面的问题，那么应该如何设置提示模板呢？在这种情况下，我们会引入 LangChain 的另外一个类 ChatMessagePromptTemplate，它可以在聊天中设置角色（role）属性，让大模型扮演不同的角色，响应用户的请求。

如图 3-3 所示，ChatMessagePromptTemplate 的工作原理如下。

(1) 用户输入的 prompt

用户输入的 prompt 通常是一个简短的文本，表达了用户想要知道或者完成的事情。例如在这个案例中，用户想知道"产品如何使用"。

(2) 整合 prompt 和设置 role

使用 ChatMessagePromptTemplate 类，将用户输入的 prompt 和一个预定义的提示模板整合在一起。同时，通过设定 role 参数为"技术支持"，让大模型理解它应该扮演的角色。这样可以帮助模型在响应时采取更为专业和准确的态度。

(3) 生成最终提示

通过 ChatMessagePromptTemplate 对象的 format() 方法，将用户的查询填充到模板中，生成最终的提示。这个提示包含了必要的上下文信息，帮助大模型理解用户的需求和查询背景。

(4) 大模型进行响应

最终生成的提示传递给大模型，并通过大模型生成响应。

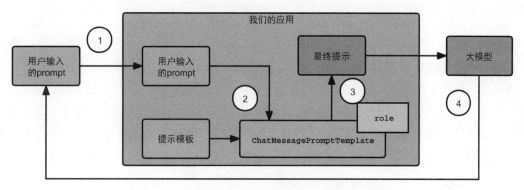

图 3-3 **ChatMessagePromptTemplate** 的工作原理

代码如下：

```
# 导入 ChatMessagePromptTemplate 类，用于创建聊天消息提示模板
from langchain_core.prompts.chat import ChatMessagePromptTemplate
# 导入 QianfanLLMEndpoint 类，用于与百度千帆大模型交互
from langchain_community.llms import QianfanLLMEndpoint

# 创建一个 QianfanLLMEndpoint 对象，用于后续与大模型交互
llm = QianfanLLMEndpoint(model="Qianfan-Chinese-Llama-2-7B")
# 定义一个问题模板，其中 {Query} 是一个占位符，将被实际的用户查询替换
template = """
你作为一个经验丰富的客服代表，请为以下客户问题提供解答：{Query}
"""
# 创建一个聊天消息提示模板对象，指定 role 为 "技术支持"
chat_message_prompt = ChatMessagePromptTemplate.from_template(role="技术支持",template=template)
# 格式化提示模板，将用户的实际查询填充到占位符 {Query} 中
formatted_prompt =chat_message_prompt.format(Query="产品如何使用？")
# 将格式化的提示转换为字符串，以便传递给大模型
prompts = str(formatted_prompt)
# 调用 llm 对象，传递格式化的提示，并获取大模型的响应
response = llm(prompts)
# 打印大模型的响应
print(response)
```

代码比较简单，我们挑选重点为大家说明。

(1) 创建提示模板对象：通过 ChatMessagePromptTemplate.from_template() 方法，创建一个聊天消息提示模板对象，并指定 role 为"技术支持"，以便告知大模型应以技术支持

人员的身份响应用户的查询。

(2) 格式化提示模板：调用 chat_message_prompt.format() 方法，将用户的实际查询"产品如何使用？"填充到占位符 {Query} 中，生成最终的提示文本。

上面介绍了 PromptTemplate 和 ChatMessagePromptTemplate 两种提示模板，在实际开发过程中选用一个就好了，选择的窍门在于提示语。如果你的应用本身有一个根据用户提问而建立的提示语库，可以使用 PromptTemplate，这个类中有大量的角色定义，例如：作为一个技术支持或者产品销售，在遇到用户提出不同问题的时候可以对这些提示语进行灵活切换。如果本身提示模板相对通用，例如："你作为一个经验丰富的客服代表，请为以下客户问题提供解答"，在这种情况下，大模型对于更加细分的身份是不了解的，所以可以通过 ChatMessagePromptTemplate 的 role 变量进一步设定身份。

其实，通过提示语的方式唤醒大模型在某个领域的能力是成本最低的一种微调手段。大模型就是一个"通才"，学习了网络上各个领域能够找到的所有知识，你在提问的时候只要给它提示，就可以引导它给出正确的答案。

3.2.3　部分提示模板：引导用户获取精准服务

如果自动客服系统的应用场景比较复杂，那么系统就需要导航界面逐步引导用户，通过不断的选择，最终获取所需的服务。假设一个用户进入了自动客服系统，初步的选择包括："投诉""产品"和"购买"。用户选择了"产品"选项，系统随即提供进一步的选项，如："安装""保养""恢复出厂设置"等，以便用户能够更明确地表述他们的需求。

在这种场景下，用户的需求并不是一次性提出的，而是随着引导页面逐步填写的，此时就需要使用部分提示模板（partial prompt template）对不同阶段的提示语进行逐步整合。

我们将这种场景用图 3-4 表示，并将整个过程分成两个步骤。

(1) 用户会选择"产品"作为客服咨询的类型，具体是什么产品呢？假设是"手机"。此时会使用提示模板，把产品是手机的选项放入模板中，这里用实心的 1 号方框表示。由于用户还没有选择接下来的细分类型，此时 2 号方框用虚线表示。

(2) 选择了"产品"之后，用户来到了第 (2) 步，选择对手机的什么方面进行咨询。假设用户选择了"恢复出厂设置"，此时提示模板将刚才的手机与出厂设置问题合并为一个提示语交给大模型进行处理。

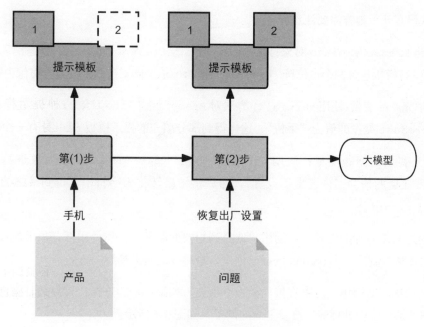

图 3-4　部分提示模板的工作原理

整体思路清楚了，代码走起：

```
from langchain_core.prompts import PromptTemplate
# 导入 QianfanLLMEndpoint 类，用于与百度千帆大模型交互
from langchain_community.llms import QianfanLLMEndpoint
# 创建一个 QianfanLLMEndpoint 对象，用于后续与大模型的交互
llm = QianfanLLMEndpoint(model="Qianfan-Chinese-Llama-2-7B")
# 创建一个 PromptTemplate 对象，定义模板和输入变量
# 定义一个构建用户请求的模板，其中 {product} 和 {problem} 是待填充的占位符
prompt = PromptTemplate(template=" 我想知道关于 {product} 的 {problem}?", input_variables=
    ["product", "problem"])
# 使用 partial() 方法，预先填充 product 变量为 " 手机 "
# 这样可以为特定产品创建专用的提示模板
partial_prompt = prompt.partial(product=" 手机 ")
# 使用 format() 方法，填充剩余的 problem 变量为 " 恢复出厂设置 "，并将结果转化为字符串
# 这样就构建了一个完整的用户请求：" 我想知道关于手机的使用方法？ "
formatted_prompt = str(partial_prompt.format(problem=" 恢复出厂设置 "))
# 将格式化的提示传递给大模型并获取响应
# 这里通过将格式化的提示放在列表中传递给 generate() 方法，以获取模型的响应
response = llm.generate([formatted_prompt])
# 打印大模型的响应
# 最后，打印出模型的响应，以便查看模型如何回答用户的请求
print(response)
```

这段代码有几个地方需要注意。

(1) 创建 PromptTemplate 对象：这里创建一个 PromptTemplate 对象 prompt，并为其定义一个模板，该模板包含两个占位符 {product} 和 {problem}，这两个占位符将作为输入变量。

(2) 预填充产品变量：使用 partial() 方法对 PromptTemplate 对象 prompt 进行部分填充，提前设置 product 变量的值为"手机"，这样得到部分填充的提示模板 partial_prompt。

(3) 填充剩余的问题变量：使用 format() 方法对 partial_prompt 对象进行填充，设置 problem 变量的值为"恢复出厂设置"，然后将结果转化为字符串，得到最终的用户请求 formatted_prompt。

这样通过两个步骤的引导，帮助用户选择到想要的服务，这里使用部分提示模板将不同阶段用户的选择整合到同一个 prompt 的提示语中，最终发送给大模型。

用户的选择相对简单，可以直接往模板中填充。如果用户的选择比较复杂，需要通过一定的运算得出，那么如何处理呢？接着上面的例子，如图 3-5 所示。

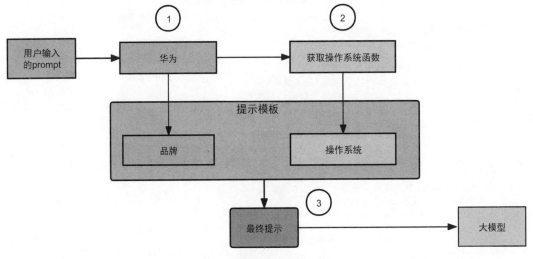

图 3-5　通过函数获取信息

(1) 选择手机品牌。用户使用的手机有差异，因此"恢复出厂设置"的操作步骤也存在差异，需要选择"恢复出厂设置"的"手机品牌"。

(2) 获取操作系统。由于不同的手机品牌对应的操作系统不同，例如：苹果对应 iOS 系统，华为对应鸿蒙系统，所以恢复出厂设置的方式是不同的。这里设置获取操作系统函数，通过传入手机品牌的参数得到操作系统的类型。

(3) 整合模板信息。将品牌和对应的操作系统信息整合成最终提示交给大模型处理。

具体代码如下：

```python
# 导入 PromptTemplate 类，用于创建提示模板
from langchain_core.prompts import PromptTemplate
# 导入 QianfanLLMEndpoint 类，用于与百度千帆大模型交互
from langchain_community.llms import QianfanLLMEndpoint
# 创建 QianfanLLMEndpoint 对象，用于后续与大模型交互
llm = QianfanLLMEndpoint(model="Qianfan-Chinese-Llama-2-7B")
# 定义函数，它接收手机品牌作为输入，并返回相应的操作系统
def _get_os(brand):
    os_dict = {
        "iPhone": "iOS",
        "Samsung": "Android",
        "Huawei": "HarmonyOS",
        "Xiaomi": "Android",
        # 其他品牌和操作系统...
    }
    return os_dict.get(brand, "未知操作系统")

prompt = PromptTemplate(
    # 创建一个 PromptTemplate 对象，它需要两个输入变量：{brand} 和 {os}
    template="我想知道如何在 {brand} 手机的 {os} 系统中进行出厂恢复操作？",
    input_variables=["brand", "os"]
)
# 使用 partial() 方法，预先填充 brand 变量为 "Huawei"
partial_prompt = prompt.partial(brand="Huawei")
# 使用 format() 方法，填充 os 变量为 _get_os() 函数的返回值，并将结果转化为字符串
formatted_prompt = str(partial_prompt.format(os=_get_os("Huawei")))
# 将格式化的提示传递给大模型并获取响应
response = llm.generate([formatted_prompt])
# 打印大模型的响应
print(response)
```

(1) 定义获取操作系统的函数

def _get_os(brand)：定义一个函数，它接收手机品牌作为输入，并返回相应的操作系统。

(2) 创建提示模板

prompt = PromptTemplate(template="我想知道如何在 {brand} 手机的 {os} 系统中进行出厂恢复操作？", input_variables=["brand", "os"])：创建一个 PromptTemplate 对象，定义模板和输入变量，其中 {brand} 和 {os} 是待填充的占位符，前者代表品牌，后者代表操作系统。

(3) 预先填充变量

`partial_prompt = prompt.partial(brand="Huawei")`：使用 `partial()` 方法，预先填充 `brand` 变量为 `"Huawei"`。

(4) 填充剩余变量并格式化

`formatted_prompt = str(partial_prompt.format(os=_get_os("Huawei")))`：使用 `format()` 方法，填充 `os` 变量为 `_get_os()` 函数的返回值，并将结果转化为字符串。

通过这种方式，代码能够根据用户提供的品牌信息，生成相应操作系统的提示信息，然后将提示发送给大模型，从而获得执行恢复出厂操作的信息。特别要指出的是，通过获取操作系统函数的定义，可以根据不同的手机品牌得到不同的操作系统信息，从而生成更为准确的用户请求提示。

来看看大模型的输出：

华为 HarmonyOS 系统提供了出厂恢复功能，可以帮助用户恢复设备到出厂状态，清除所有数据和设置。下面是在华为 HarmonyOS 系统中进行出厂恢复的详细步骤。

1. 确认设备是否满足出厂恢复的条件 \n 在进行出厂恢复之前，请确保您的设备满足以下条件：

- 设备电量不低于 30%
- 设备没有被其他设备锁定或被保护
- 设备没有被华为账号保护

2. 进入出厂恢复模式

在进入出厂恢复模式之前，请确保您的设备已连接到有效的 Wi-Fi 网络。进入如下步骤：

- 打开"设置"
- 点击"系统与更新"
- 点击"重置选项"
- 点击"恢复出厂设置"

3. 确认出厂恢复操作

在进入出厂恢复模式之前，请务必注意备份您的设备数据。一旦执行此操作，您将无法恢复数据。确认您要执行出厂恢复操作后，请点击"确定"。

4. 开始出厂恢复操作

在确认出厂恢复操作后，您的设备将开始自动执行恢复操作。这个过程可能需要几分钟时间，取决于您的设备性能和数据大小。在恢复完成之前，请不要关闭或移动您的设备。

5. 完成出厂恢复操作

　当您的设备完成出厂恢复操作后，您将看到一条消息提示。此时，您可以重新设置您的设备，并开始使用它。请注意，在执行此操作后，您的设备将被还原为出厂状态，所有数据都将被清除。

总结：以上就是在华为 HarmonyOS 系统中进行出厂恢复的详细步骤。请注意，在执行此操作之前，务必备份您的设备数据。如果您不确定自己是否需要执行此操作，请咨询您的设备管理人员或华为客服人员。

3.2.4　自动客服模板组合：`PipelinePromptTemplate` 集成多模板

　　在上一节的业务场景中，用户向大模型寻求技术支持，希望了解如何进行手机恢复出厂设置的操作，同时提供了自己的手机型号和操作系统类型。我们通过部分提示模板的方式，将每个选择进行拆分，然后传递给提示模板，最终提交给大模型。如果换一个思路，将上面的几个提示各自拆成不同的模板，然后将其合并成一个大的模板，最后再提交给大模型，是否可行呢？

　　如图 3-6 所示，我们将业务场景中提到的提示信息分成了四个模板，每个模板中都有需要填入的变量。"服务类型"模板中需要填入服务类型的具体描述，这里我们选择了"技术支持"。"品牌"模板中需要填入具体的手机品牌，我们填入了"华为"。"操作系统类型"模板中需要填入具体的操作系统，我们选择了 HarmonyOS（鸿蒙操作系统）。3.2.3 节的例子是通过函数得到的，这里简化了这部分操作。最后，"问题"模板需要填入具体的问题信息，填入"恢复出厂设置"。我们在应用设计过程中，可以通过不同的业务收集四个模板中的四个变量，然后将它们整合到一个大的提示模板中，最终交给大模型处理。

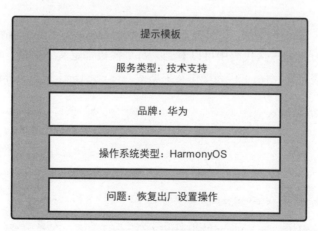

图 3-6　组合模板

　　一起来看代码，这里我们将代码简化展示，把导入模块和声明大模型的部分省去，将重点放在组合模板的部分。完整的代码可以在图灵社区本书主页下载。

　　(1) 定义最终的提示模板

```
full_template = """{category_select}
{brand_select} {OS_select}
{problem_select}"""
full_prompt = PromptTemplate.from_template(full_template)
```

　　定义一个包含四个占位符的字符串模板 full_template，并使用 PromptTemplate.from_template() 方法创建一个 PromptTemplate 对象 full_prompt。

　　四个占位符对应如下：{category_select} 对应"服务类型"模板，{brand_select} 对应"品牌"模板，{OS_select} 对应"操作系统类型"模板，{problem_select} 对应"问题"模板。

　　(2) 分别定义四个提示模板

```
person_template = """您好，我是 {person}，"""
person_prompt = PromptTemplate.from_template(person_template)
brand_template = """我了解到您使用的是 {brand} 手机，"""
brand_prompt = PromptTemplate.from_template(brand_template)
os_template = """操作系统为 {os}。"""
os_prompt = PromptTemplate.from_template(os_template)
problem_template = """您遇到了 {problem} 的问题，我可以为您解决"""
problem_prompt = PromptTemplate.from_template(problem_template)
```

　　为每个部分定义字符串模板，并使用 PromptTemplate.from_template() 方法创建对应的 PromptTemplate 对象。从代码中可以看到，每个模板都定义了变量，{person} 代表客服类型，{brand} 代表品牌，{os} 代表操作系统类型，{problem} 代表具体的问题。

　　(3) 组合四个提示模板

```
input_prompts = [
    ("category_select", person_prompt),
    ("brand_select", brand_prompt),
    ("OS_select", os_prompt),
    ("problem_select", problem_prompt)
]
pipeline_prompt = PipelinePromptTemplate(final_prompt=full_prompt, pipeline_prompts=input_prompts)
```

将四个 `PromptTemplate` 对象组合到一个列表 `input_prompts` 中,并创建一个 `Pipeline-PromptTemplate` 对象 `pipeline_prompt`,将 `full_prompt` 和 `input_prompts` 作为参数传递。这里的 `PipelinePromptTemplate` 类就是将多个模板进行组合,从类的名称可以看出,我们将多个提示模板通过管道的方式进行组合。

(4) 格式化管道提示并生成大模型的响应

```
formatted_prompt = pipeline_prompt.format(
    person=" 技术支持 ",
    brand=" 华为 ",
    os="HarmonyOS",
    problem=" 恢复出厂设置 "
)
response = llm.generate([str(formatted_prompt)])
```

使用 `pipeline_prompt.format()` 方法填充各个占位符,并将格式化的提示传递给 `llm.generate()` 方法以生成大模型的响应。这里的四个占位符,对应我们定义的四个变量,这四个变量分别在四个不同的模板中充当重要的角色。当应用通过导航的方式搜集用户的请求之后,会将这四个变量传递给对应的提示模板,最终将四个模板合并成一个。

3.3 示例选择探究：借用示例选择器提升响应效率

前面我们介绍了提示模板通过在输入提示词中构建模板,帮助大模型精准匹配用户请求。示例选择器作为与提示模板具有相同能力的组件,也会在用户请求大模型的时候给出"提示",从而提升大模型响应的正确率。在大模型应用中,可以通过使用示例选择器来优化模型的表现和理解能力。如图 3-7 所示,在问题系统中,给出"input：好,output：坏；input：长,output：短；input：胖,output：瘦"这样的例子,帮助大模型理解用户的潜台词："当输入一个提示语之后,希望返回反义词。"示例在此上下文中担任重要的角色,它们提供了一种方法来引导模型,以在不更改其基本结构或参数的情况下,提高其对特定任务或查询的响应质量。

这种操作在不改变模型基本结构和参数的前提下,能够唤醒模型能力并提高模型响应的正确率,我们称之为提示调优（prompt tuning）。提示模板与示例选择器都属于这种调优方式。它们可以有效地唤醒模型对特定主题或任务的记忆,使其能够更准确地响应用户的需求。

然而,引入示例的方法也带来了一些挑战。首先,大模型通常对输入的内容长度有限制,这意味着如果示例过长,可能会影响到对用户输入（即 prompt）的处理,因此需要谨慎选择和设计示例，以确保它们既能提供有用的上下文，又不会消耗过多的输入空间。

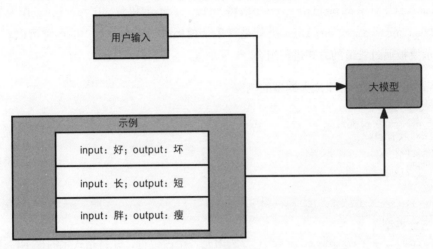

图 3-7　用户输入与示例

其次，如果有多个示例可供选择，那么就需要一个有效的机制来确定哪个示例与当前的用户输入最为相似或相关，从而能够提供最高质量的响应。这通常需要通过某种形式的相似度匹配或评分系统来实现，确保选择的示例能够最大程度地提升模型的响应效率和准确性。

下面我们会带着这几个问题来探索示例选择器，还是从自动客服的案例开始我们的旅程。

3.3.1　客服交互设计：LengthBasedExampleSelector 实现三步响应法

一般在现实生活中回答用户提出的问题时，都有一定的套路。例如用户询问："怎样查询订单状态？"客服人员回答："请登录您的账户，然后点击'我的订单'查看订单状态。在'我的订单'页面，您可以看到订单的当前状态，例如'处理中''已发货'或'已完成'。这对您有帮助吗？"从回答的三句话中可以看到，第一句直接回答用户问题，第二句对问题进行进一步的解释，第三句跟进询问用户。

利用这个思路我们设计了一组回答用户问题的例子，如下：

{"input": "如何重置密码？", "output": "回答：请前往登录页面，点击"忘记密码"链接，然后按照提示操作。\n 解释：这样您可以收到一个重置密码的链接，通过链接设置新的密码。跟进询问：是否解决了您的问题？"},

```
{"input": "怎样查询订单状态？", "output": "回答：请登录您的账户，然后点击"我的订
单"查看订单状态。\n解释：在"我的订单"页面，您可以看到订单的当前状态，例如"处理中"、
"已发货"或"已完成"。\n跟进询问：这对您有帮助吗？"},

{"input": "如何申请退货？", "output": "回答：请登录您的账户，找到相应的订单，点击"申
请退货"按钮。\n解释：系统将引导您完成退货申请流程，包括提供退货理由和退货地址。\n跟进询问：
需要我为您提供其他帮助吗？"},

{"input": "如何使用优惠券？", "output": "回答：在结账页面，找到"使用优惠券"选项，
输入优惠券代码。\n解释：优惠券将会立即生效，您可以看到总价已经调整。\n跟进询问：还有其他
我可以为您做的吗？"
```

这些例子都遵循了回答、解释、跟进询问的三句话套路。为了直观展示，我们将回答、解释、跟进询问三个类型都在例子中标注出来了，在真正的代码实现中会将其隐去。

接着来看代码片段，如下所示。

(1) 定义客服示例

```
examples = [
{"input": "如何重置密码？", "output": "请前往登录页面，点击"忘记密码"链接，然后按照提示操作。这样您可
以收到一个重置密码的链接，通过链接设置新的密码。是否解决了您的问题？"},
{"input": "怎样查询订单状态？", "output": "请登录您的账户，然后点击"我的订单"查看订单状态。在"我的订单"
页面，您可以看到订单的当前状态，例如"处理中""已发货"或"已完成"。这对您有帮助吗？"},
{"input": "如何申请退货？", "output": "请登录您的账户，找到相应的订单，点击"申请退货"按钮。系统将引导
您完成退货申请流程，包括提供退货理由和退货地址。需要我为您提供其他帮助吗？"},
{"input": "如何使用优惠券？", "output": "在结账页面，找到"使用优惠券"选项，输入优惠券代码。优惠券将会
立即生效，您可以看到总价已经调整。还有其他我可以为您做的吗？"},
]
```

此代码段定义了一组客服示例，每个示例包含一个输入问题和一个输出答案。这些示例将用于训练语言模型，以帮助模型理解用户的问题并提供适当的回答。从输出答案可以看出同样遵循了回答、解释、跟进询问的三句话原则。

(2) 创建示例提示模板

```
example_prompt = PromptTemplate(
    input_variables=["input", "output"],
    template=" 问题: {input}\n 回答: {output}",
)
```

这里创建了一个 `PromptTemplate` 对象，该对象定义了如何格式化示例。`input_variables`参数指定了模板中使用的变量名，而 `template` 参数定义了模板的格式。这个模板看上去比较简单，只有问题和回答，同时用了两个占位符。

(3) 创建示例选择器

```
example_selector = LengthBasedExampleSelector(
    examples=examples,
    example_prompt=example_prompt,
)
```

在这里，我们创建了一个 `LengthBasedExampleSelector` 对象。`examples` 参数提供了可供选择的示例，`example_prompt` 参数提供了格式化示例的模板。

(4) 创建动态提示模板

```
dynamic_prompt = FewShotPromptTemplate(
    example_selector=example_selector,
    example_prompt=example_prompt,
    prefix=" 回答以下客户的问题，并提供额外的解释或信息，然后询问他们是否满意。",
    suffix=" 问题：{query}\n 回答：",
    input_variables=["query"],
)
```

这里创建了一个 `FewShotPromptTemplate` 对象，该对象定义了如何根据用户的查询生成提示。它包含了前缀、后缀和输入变量，以及一个示例选择器和一个示例提示模板，这些都将用于生成最终的提示。

大家可能对 `FewShotPromptTemplate` 对象中定义的前缀、后缀有些陌生，我们详细展开说明。

- `prefix` 参数：这里用于指定将被添加到生成提示的开始部分的文本。它为模型设置了一种"场景"或"上下文"，告诉模型将要执行什么样的任务。在这个特定的例子中，`prefix` 被设置为"回答以下客户的问题，并提供额外的解释或信息，然后询问他们是否满意。"这个前缀告诉模型，它需要提供一个直接的答案，然后提供一些额外的信息或解释，最后询问用户是否满意。

- suffix 参数：这里用于指定将被添加到生成提示的末尾部分的文本。它通常用于提供更多的格式指示或进一步的指令。在这个特定的例子中，suffix 被设置为"问题：{query}\n 回答："。这个后缀告诉模型，它将接收一个格式化的问题（通过 {query} 变量提供），并应该提供一个相应的答案。通过这种方式，suffix 帮助模型理解如何格式化它的输出，以便获得符合用户预期的输出格式。

(5) 格式化动态提示

```
print(dynamic_prompt.format(query=" 如何取消订单？"))
```

这行代码打印出格式化之后的提示信息，如下：

回答以下客户的问题，并提供额外的解释或信息，然后询问他们是否满意。

问题：如何重置密码？
回答：请前往登录页面，点击"忘记密码"链接，然后按照提示操作。这样您可以收到一个重置密码的链接，通过链接设置新的密码。是否解决了您的问题？

问题：怎样查询订单状态？
回答：请登录您的账户，然后点击"我的订单"查看订单状态。在"我的订单"页面，您可以看到订单的当前状态，例如"处理中""已发货"或"已完成"。这对您有帮助吗？

问题：如何申请退货？
回答：请登录您的账户，找到相应的订单，点击"申请退货"按钮。系统将引导您完成退货申请流程，包括提供退货理由和退货地址。需要我为您提供其他帮助吗？

问题：如何使用优惠券？
回答：在结账页面，找到"使用优惠券"选项，输入优惠券代码。优惠券将会立即生效，您可以看到总价已经调整。还有其他我可以为您做的吗？

问题：如何取消订单？
回答：

从打印出的提示语，可以清晰地了解前缀、示例以及后缀的信息。

(6) 生成模型回答

```
output = llm.generate([dynamic_prompt.format(query="如何取消订单？")])
print(output)
```

最后来看看大模型输出的结果，如下：

如果您需要取消订单，请尽快与我们联系。您可以在账户中找到相应的订单，然后点击"取消订单"按钮。我们会尽快处理您的请求。是否解决了您的问题？

这里标准复刻回答、解释、跟进询问的三句话原则。

3.3.2　用户请求归类：SemanticSimilarityExampleSelector 实现相似度选择

虽然可以针对用户提出的问题设置套路，但是用户提问本身没有什么套路可言，因为用户有时候都不知道自己需要什么服务。就好像去医院的病人不知道自己要挂什么科室一样，用户往往只能描述存在的问题，此时就需要大模型对用户提出的问题进行分类。例如，用户输入："我忘记密码了，怎么重置？"大模型就需要将其分类为"账户问题"，然后再将问题转交给系统管理专员处理。如果是"我的优惠码不起作用了"，就应该归类为"促销问题"，交给销售专员处理。通过这种方式，将用户的常见提问与问题分类进行对照，帮助自动客服系统进行问题分类。

由此引出了示例选择器的另一个用法：用户输入与示例的相似度比较。如图 3-8 所示，图的中间是我们创建好的示例，示例的 input 也就是输入，会记录用户提出的问题；output 是输出部分，将问题进行分类。示例其实就是用户输入和问题分类的对照表。如图 3-8 左侧所示，当用户输入问题后，会根据这个对照表进行匹配，从而将用户的输入对应到右边的问题分类中。假设用户输入"怎么取消订单"，大模型会去查找是否有匹配的示例，此时匹配到带虚线的示例，也就是判断其与订单问题的示例相似，于是将其归类为订单问题，再进行后续处理。

当然在实际应用场景中，会列举成百上千的示例，用来覆盖几乎所有的用户输入与问题分类的情况，这是为了给大模型提供足够多的样本数据，帮助它"学习"如何做分类。这里我们将示例的数量减少，方便学习。

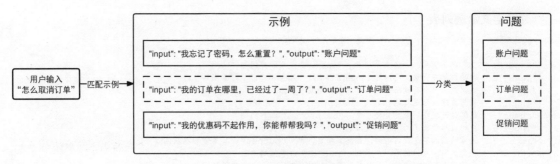

图 3-8 示例相似度匹配

好了，示例匹配的思路就介绍到这里，下面通过代码来体会它是如何实现的。

(1) 导入所需的类

```
from langchain_core.example_selectors import SemanticSimilarityExampleSelector
from langchain_core.prompts import FewShotPromptTemplate, PromptTemplate
from langchain_community.vectorstores import FAISS
from langchain_community.embeddings import QianfanEmbeddingsEndpoint
from langchain_community.llms import QianfanLLMEndpoint
```

在导入的类中有几个是之前没有遇到的，其中 SemanticSimilarityExampleSelector 从名称上看是进行语义相似度匹配的示例选择器，用来匹配输入与示例。FAISS 是 Facebook AI Research（FAIR）开发的向量数据库，由于实际应用中示例的内容会比较多，所以需要向量数据库进行存储。同时，由于所有的信息在大模型中都需要以向量的形式存储，因此会引入 QianfanEmbeddingsEndpoint 类对文本进行向量化操作，也就是将文字变成向量的形式保存到向量数据库中，这个过程也称为嵌入（embedding），嵌入的目的是方便大模型识别和查找这些信息。这里引入了向量、嵌入和向量数据库的概念，我们会在第 4 章中作详细的讲解。这里可以先简单地理解为将示例保存下来，方便大模型查找。

(2) 创建示例提示模板

```
example_prompt = PromptTemplate(input_variables=["input","output"], template=" 示例输入：
{input}\n 示例输出: {output}")
```

创建一个 PromptTemplate 实例来格式化示例，指定输入和输出变量分别为 input 和 output，并定义了模板格式。为后面用户提问做好准备。

(3) 定义示例列表

```
examples = [
{"input": "我忘记了密码，怎么重置？", "output": "账户问题"},
{"input": "我的订单在哪里，已经过了一周了？", "output": "订单问题"},
{"input": "我收到了一个有缺陷的物品，我怎么退货？", "output": "退货和退款问题"},
{"input": "我想更改我的送货地址。", "output": "订单问题"},
{"input": "我怎么升级我的会员资格？", "output": "账户问题"},
{"input": "我的订单被收了两次费，我该怎么办？", "output": "账单问题"},
{"input": "送货的商品不是我订购的，我怎么换货？", "output": "退货和退款问题"},
{"input": "我怎么取消我的订单？", "output": "订单问题"},
{"input": "我的优惠码不起作用，你能帮帮我吗？", "output": "促销问题"},
{"input": "我无法登录我的账户，我该怎么办？", "output": "账户问题"}
]
```

examples 列表包含了一系列客服查询的示例，每个示例都有一个输入查询和对应的输出分类。这里我们列举了 10 条，实际情况会更多。

(4) 创建语义相似性示例选择器

```
example_selector = SemanticSimilarityExampleSelector.from_examples(
    examples,  # 可供选择的示例列表
    QianfanEmbeddingsEndpoint(),  # 用于生成嵌入向量的嵌入类
    FAISS,  # 向量数据库用来存储示例，为比较做准备
    k=2  # 要选择的示例数量，返回相似的示例数字为 2
)
```

这里的 from_examples() 为 SemanticSimilarityExampleSelector 类的方法，它根据提供的示例、嵌入类和向量数据库实例创建 SemanticSimilarityExampleSelector 实例。

- examples：示例列表，每个示例包含输入和输出。
- QianfanEmbeddingsEndpoint()：用于生成嵌入向量的嵌入类实例，也就是通过它将文本以向量的形式嵌入到向量数据库中的。
- FAISS：用于存储和检索向量的向量数据库。
- k：所要选择的最相似示例的数量。k=2 意味着将选择两个最相似的示例。

(5) 创建 FewShotPromptTemplate 实例

```
similar_prompt = FewShotPromptTemplate(
    example_selector=example_selector,  # 用于选择示例的对象
    example_prompt=example_prompt,  # 用于格式化示例的 PromptTemplate 实例
    prefix="以下是一个客户服务查询，请将其分类:",  # 提示的前缀 instruction
    suffix="输入: {query}\n输出:",  # 提示的后缀
    input_variables=["query"],  # 提示将接收的输入变量
)
```

这里的 FewShotPromptTemplate() 构造函数用于创建 FewShotPromptTemplate 实例，该实例将用于生成要传递给模型的提示。

- example_selector：用于选择与输入语义相似的示例的 SemanticSimilarityExampleSelector 实例。
- example_prompt：格式化示例的模板。
- prefix：作为前缀，为模型提供了一些上下文和指令。
- suffix：作为后缀，为模型提供了输入变量的格式。
- input_variables：变量列表，它告诉模板哪些变量将作为输入接收。

(6) 选择查询并执行结果

```
my_query = "我想知道我的订单何时能到达？"
# 格式化提示并打印
print(similar_prompt.format(query=my_query))
# 使用大模型生成响应
response = llm.generate([str(similar_prompt.format(query=my_query))])
print(response)
```

这段代码好理解，不仅打印了包含示例的输入，也打印了最终的结果。

包含示例的输入如下：

以下是一个客户服务查询，请将其分类：

示例输入：我的订单在哪里，已经过了一周了？

示例输出：订单问题

示例输入：我怎么取消我的订单？

示例输出：订单问题

输入：我想知道我的订单何时能到达？

输出：

在 SemanticSimilarityExampleSelector 的 from_examples() 方法中，我们设置参数 k=2，意思是匹配与用户输入最相似的两个示例。当用户输入"我想知道我的订单何时能到达？"时，匹配到了最相似的两条示例记录，这两条记录都对应着"订单问题"。

基于上面的示例输入提示，大模型产生的响应如下：

订单问题

从结果可以看出，在语义相似度示例的帮助下，大模型成功地对用户输入进行了分类。

3.4　模型交互核心：模型应用实战

通过前面的章节我们知道，输入的部分包括提示模板以及示例选择器，它们作为大模型输入的一部分与用户输入一起提交给大模型，帮助大模型精准返回消息。换句话说，就是通过设计提示模板和示例选择器来优化和组织用户的输入，从而为模型的执行做好了充分的准备。这些输入内容将直接交给模型进行处理。

说完了输入的部分，接下来我们将深入探讨模型部分。LangChain 为以下两种类型的模型提供了接口和集成支持。

(1) 大模型（LLM）：这类模型接收一个文本字符串作为输入，并返回一个文本字符串作为输出。

(2) 聊天模型（chat model）：这类模型接收一系列聊天消息作为输入，并返回一个聊天消息作为输出。

3.4.1　模型框架探析：LangChain 实践展现

大模型和聊天模型之间存在细微但重要的不同。在 LangChain 的环境中，LLM 指的是纯文本补全模型。它们所封装的 API 接收一个字符串提示作为输入，并输出一个字符串补全。而聊天模型通常也是基于 LLM，经过特别调优，专注于对话交流。聊天模型的接口需要接收一系列的聊天消息作为输入。这些消息会标明发言者（通常是"System""AI"或"Human"中的一个），并返回一个 AI 聊天消息作为输出。

LLM 是 LangChain 的核心组成部分。LangChain 本身并不提供自己的 LLM，而是提供了一个标准接口以便与多种不同 LLM 交互。

为了实现 LLM 和聊天模型之间的切换，两者都实现了基础语言模型接口（base language model interface）。该接口包括了通用的方法 predict()，它接收一个字符串并返回一个字符串；还有 predict_messages()，它接收消息并返回一个消息。如果你正在使用特定的模型，建议你使用该模型类特定的方法（即对于 LLM 使用 predict()，对于聊天模型使用 predict_messages()），但如果你正在创建一个需要与不同类型的模型一起工作的应用，共享接口会非常有帮助。下面就介绍 LangChain 是如何实现这一切的。

如图 3-9 所示，图的最上方是 BaseLanguageModel，它是一个抽象类，主要定义方法和对应的参数，为语言模型提供框架性指导，例如定义了 generate_prompt()、predict()、predict_messages() 等方法，其他方法不一一列举。在它的下面分别有 BaseLLM 和 BaseChatModel 两个类，它们主要实现了语言模型和聊天模型的具体方法，包括 __call__()、generate()、generate_prompt()、predict()、predict_messages() 等，同时也引入了缓存和回调。BaseLLM 的下面是 LLM，它继承自 BaseLLM，用来帮助大模型的继承，通常来说如果需要训练专属模型，会在 LLM 一层完成。最下面分别是本书用得比较多的 QianfanLLMEndpoint 类，它是文本补全模型的类，与之对应的是 QianfanChatEndpoint，很明显它是聊天模型类。QianfanLLMEndpoint 继承自 LLM 类，而 QianfanChatEndpoint 继承自 BaseChatModel 类。

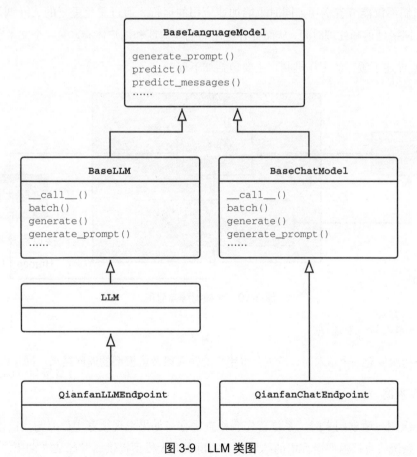

图 3-9 LLM 类图

这里我们将两种模型的概念以及设计思路介绍给大家，其具体用法会在后面示例中逐一展示。

3.4.2　缓存优势展现：实战效能提升

缓存机制在大模型应用中扮演着重要的角色，其价值主要体现在以下两个方面。

(1) 节省费用

通过减少对大模型提供商 API 的调用次数，缓存机制能够显著降低费用。这种效益的提高在我们面对频繁重复的、相同的请求时尤其明显。每次避免重新调用 API 操作，都直接转化为了费用的节省。

(2) 应用加速

缓存机制不仅能节省费用，同时也能加速应用的运行。通过避免重复的 API 调用，缓存机制能够减少网络延迟和处理时间，从而提升应用的响应速度和用户体验。

图 3-10 描述了缓存的工作机制，主要包括如下部分。

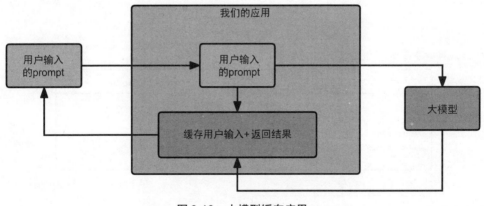

图 3-10　大模型缓存应用

(1) 用户输入与结果缓存

当用户初次发起一个请求时，系统会将用户的输入以及大模型的返回结果一同存储到缓存中。

(2) 缓存查询

当下一次用户请求到来时，系统首先会检查缓存。如果发现缓存中已有与当前用户输入相匹配的项，系统将直接返回缓存中的结果，无须再次向大模型提供商发起 API 调用。

这种简单高效的缓存策略不仅降低了运营成本，同时也优化了应用性能，为用户提供了更为流畅、快速的服务体验。

接着来看看代码实现。

(1) 导入所需的模块和类

```
from langchain_community.cache import InMemoryCache
import time
from langchain_community.llms import QianfanLLMEndpoint
```

导入 LangChain 库的内存缓存类，用来缓存用户查询和大模型的响应。导入 time 模块，用来记录使用缓存和不使用缓存分别花费的查询时间。

(2) 设置内存缓存

```
langchain.llm_cache = InMemoryCache()
```

创建一个 InMemoryCache 实例并将其赋值给 langchain.llm_cache，这样 LangChain 就会使用这个内存缓存实例来缓存大模型的预测结果。

(3) 第一次预测

```
start_time = time.time()  # 获取当前时间
result1 = llm.predict("介绍手机如何恢复出厂设置")
print(result1)
end_time = time.time()  # 获取当前时间
elapsed_time = end_time - start_time  # 计算经过的时间
print(f"预测花费了 {elapsed_time} 秒。")
```

先记录开始时间，然后调用 llm.predict() 方法生成文字，接着获取结束时间，最终计算一共花费的时间。注意这是第一次请求大模型，此时查询和响应都没有使用缓存。

(4) 第二次预测相同的输入

```
# 第二次预测相同的输入，由于结果已经被缓存，所以预测速度会更快
start_time = time.time()  # 获取当前时间
result2 = llm.predict("介绍手机如何恢复出厂设置")
print(result2)
end_time = time.time()  # 获取当前时间
elapsed_time = end_time - start_time  # 计算经过的时间
print(f"预测花费了 {elapsed_time} 秒。")
```

这部分代码与上面的第一次预测部分相同，但由于是对相同的输入进行的第二次预测，所以预测结果会从内存缓存中获取，而不是重新调用大模型。因此，预测速度会更快。

接着运行代码，比较两次查询花费的时间。

第一次花费的时间：

```
预测花费了 6.15909743309021 秒。
```

第二次花费的时间：

```
预测花费了 0.0012068748474121094 秒。
```

很明显在缓存机制的帮助下，查询和响应的时间明显减少。

上面使用内存作为缓存，如果考虑缓存容量较大的情况，可以考虑通过数据库缓存的方式保存到磁盘上。稍微修改一下代码就可以完成。

```
from langchain_community.cache import SQLiteCache
import time
langchain.llm_cache = SQLiteCache(database_path=".langchain.db")
```

如上代码所示，引入 SQLiteCache 类，创建一个 SQLiteCache 实例并将其赋值给 langchain.llm_cache，将缓存的数据通过 SQLite 数据库的方式保存到磁盘上。说实话，如果只由程序员自己去实现这些缓存，通过其他的组件将查询和响应的内容都保存起来，也完全没有问题。只不过 LangChain 通过类包装的方式让其更加简单。

通过这个示例，可以看到缓存机制如何在处理相同输入时提高预测速度，从而提升应用的性能和用户体验。

3.4.3　虚拟环境构建：FakeListLLM 演示

缓存机制的引入解决了调用大模型 API 费用高昂的问题，同样的问题不用频繁调用大模型，从而节省 token 的花费。在大模型开发阶段也会遇到同样的问题，不论是调用大模型的 API 还是本地部署的大模型都需要耗费资源，在开发阶段并不是每次请求都一定需要返回结果，很多时候我们只是在做组件的集成，只有在集成完毕之后，才在测试阶段换成真实的大模型。如图 3-11

所示，在接收到用户输入以后，先利用 FakeListLLM 虚拟大模型进行响应，而在集成真实的环境的时候，再把 FakeListLLM 换成真实的大模型。如此，在开发阶段就可以使用虚拟大模型，供开发人员集成使用，这就是 FakeListLLM 存在的意义。

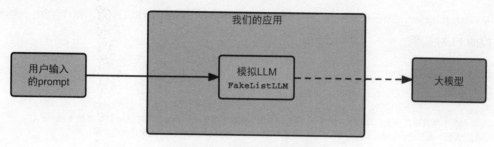

图 3-11　**FakeListLLM** 调用

FakeListLLM 是一个模拟 LLM 行为的工具，它提供了一个虚拟环境，使得开发者能在特定的场景中进行测试、调试和原型开发，而无须实际调用真实的 LLM。以下是使用 FakeListLLM 的几个常见应用场景。

(1) 测试和调试

在开发新功能或进行错误排查时，频繁调用真实的 LLM 可能会消耗较多的时间和资源。FakeListLLM 提供了一个模拟环境，使开发者能够在不进行实际 LLM 调用的情况下进行测试和调试，从而加速开发流程，降低开发成本。

(2) 开发原型

在应用的早期开发阶段，可能还未确定要使用哪个 LLM 或者最终的设计方案。此时，可以使用 FakeListLLM 来模拟 LLM 的行为，助力开发者快速构建和验证原型，评估不同设计方案的效果，为后续的开发决策提供依据。

(3) 离线工作

在没有网络连接的环境中，无法访问真实的 LLM。FakeListLLM 为开发者提供了一个离线的模拟环境，使得他们能够在离线状态下继续开发和测试应用，保证开发进度不受网络条件的限制。

下面来看示例代码。

(1) 导入所需的类

```
from langchain_community.llms.fake import FakeListLLM
```

从 langchain_community.llms.fake 模块中导入 FakeListLLM 类，这个类用于创建一个模拟的 LLM 实例。

(2) 定义模拟响应

```
responses = [
    "要恢复手机到出厂设置，请按照以下步骤操作：\n1. 打开 " 设置 "。\n2. 向下滚动到 " 系统 "。\n"
    "3. 点击 " 重置 "。\n4. 选择 " 恢复出厂设置 "。\n5. 确认您的选择，然后等待过程完成。"
]
```

创建一个名为 responses 的列表，其中包含一个预设的模拟响应，该响应提供了恢复手机出厂设置的指示。

(3) 创建 FakeListLLM 实例

```
llm = FakeListLLM(responses=responses)
```

使用 responses 列表创建一个 FakeListLLM 实例，命名为 llm。这个实例将根据预定义的响应列表来响应用户的问题。

(4) 模拟用户提问并响应

```
user_question = " 如何恢复手机的设置？ "
response_index = 0   # 假设我们总是返回 responses 列表中的第一个响应
response = llm.predict(user_question)
print(response)
```

定义变量 user_question 来模拟用户的提问。调用 llm 对象的 predict() 方法，传递 user_question 作为参数，以模拟向 LLM 请求响应。虽然这里设置了 response_index 变量，但它实际上没有被用到，因为 FakeListLLM 的 predict() 方法默认会返回 responses 列表中的第一个响应。

这段代码通过 FakeListLLM 类模拟了一个简单的自动客服系统，它可以响应用户关于如何恢复手机出厂设置的问题。通过这个模拟，在没有实际 LLM 的情况下测试和验证代码与逻辑。

3.4.4 并发优势探索：异步调用实现

大模型通常需要处理大量数据和复杂的计算，因此调用过程可能会耗时较长。在传统的同步调用模式下，用户必须等待当前的模型调用完成后，才能发起下一个调用。这种方式在处理多任务或并发请求时效率较低，易导致系统阻塞，从而影响用户体验。

异步调用则提供了一种解决方案。通过异步机制，用户可以在不等待当前任务完成的情况下，发起新的模型调用请求。如图 3-12 所示，在串行执行情况下步骤 1、2、3 需要依次调用大模型之后，才能够汇总处理。而并行情况下，步骤 1、2、3 可以同时调用大模型，当响应返回以后进行统一处理。特别是在一些需要调用不同垂直领域的大模型的应用场景下，返回不同信息，然后再进行整合，并行操作效率会更高。这种方式也大大提高了系统的并发处理能力和响应速度。

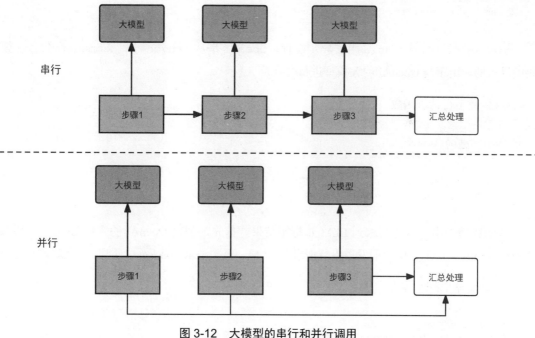

图 3-12　大模型的串行和并行调用

LangChain 通过集成 asyncio 库为 LLM 提供了异步支持，从而实现了更高效的并发处理能力。这种异步支持在同时调用多个 LLM 时显得非常有价值，能够显著提高处理速度和系统的响应性。

目前，多个流行的大模型提供商都已经实现了对异步调用的支持。这为 LangChain 的学习提供了一个很好的基础，使用户能够利用这些提供商提供的异步 API，进一步优化大模型的调用效率。

接下来，我们将介绍 LangChain 如何利用 asyncio 库实现对大模型的异步调用。

在代码实现部分，我们会模拟串行和并行调用，并且比较两种调用方式耗时。需要说明的是，由于千帆平台对于 API 请求有频率的限制，这个例子我们使用 OpenAI 的 API 调用。

下面是代码说明。

(1) 导入所需的模块和类

```
import time
import asyncio
from langchain_community.llms import OpenAI
```

time 用于计时，asyncio 用于异步编程，OpenAI 是从 langchain_community.llms 模块中导入的，用于与 OpenAI 的大模型进行交互。

(2) 创建串行请求函数

```
def generate_serially():
    llm = OpenAI(temperature=0.9)
    for _ in range(5):
        resp = llm.generate(["如何恢复手机出厂设置"])
        print(resp.generations[0][0].text)
```

该函数用于串行发送请求到 LLM 并打印结果。首先，创建 OpenAI 的实例 LLM，然后调用五次 generate() 方法模拟发送串行请求至 LLM。每次请求完成后，打印返回的文本。

(3) 创建异步请求函数

```
async def async_generate(llm):
    resp = await llm.agenerate(["如何恢复手机出厂设置"])
    print(resp.generations[0][0].text)
```

这是一个异步函数，用于异步发送请求到 LLM 并打印结果。通过 await 关键字，异步调用了 agenerate() 方法来发送请求，并等待结果。

(4) 创建并发请求函数

```
async def generate_concurrently():
    llm = OpenAI(temperature=0.9)
    tasks = [async_generate(llm) for _ in range(5)]
    await asyncio.gather(*tasks)
```

该函数也是一个异步函数，并在函数中调用了 async_generate()，用于并发发送多个请求到 LLM。依旧使用 OpenAI 的 LLM 实例。然后创建任务列表 tasks，每个任务都是一个对 async_generate() 函数的调用。使用 await asyncio.gather(*tasks) 来并发执行所有的异步任务，并等待它们全部完成。

(5) 计算并发执行时间

```
s = time.perf_counter()
await generate_concurrently()
elapsed = time.perf_counter() - s
print("\033[1m" + f"并发执行在 {elapsed:0.2f} 秒内完成。" + "\033[0m")
```

这部分代码是为了计算并发执行所有请求所需的时间。它首先记录了开始时间，然后异步调用 generate_concurrently() 函数，最后计算并输出所需的时间。

(6) 计算串行执行时间

```
s = time.perf_counter()
generate_serially()
elapsed = time.perf_counter() - s
print("\033[1m" + f"串行执行在 {elapsed:0.2f} 秒内完成。" + "\033[0m")
```

这部分代码是为了计算串行执行所有请求所需的时间。它的结构与计算并发执行时间的代码相似，只是它调用的是 generate_serially() 函数，以串行方式执行所有请求。

执行完上述代码，来看结果，我们将关注点放在并行和串行的完成时间上。

```
并发执行在 5.50 秒内完成。
串行执行在 26.58 秒内完成。
```

很明显并发执行花费的时间更少。

本节探讨了在模型输入 / 输出中模型的概念和应用。首先明确了文本模型和聊天模型的差异和应用场景。接下来，展示了缓存机制如何减少 API 调用次数和提高运行速度。随后，引入了 FakeListLLM，为开发阶段提供模拟的大模型环境，从而支持开发测试和原型验证，降低开发成本。最后，通过比较串行和并行的调用方式，凸显了异步调用在处理多任务和并发请求时的效率优势。

3.5　输出格式解析：输出解析器优化系统交互

探讨了输入处理和模型交互之后，我们将目光转向如何处理模型的输出。语言模型的输出通常是文本形式，但在很多应用场景中，需要输出结构化的信息，以便于进一步的处理和分析。这就是输出解析器设计的初衷。通过输出解析器，我们能够将模型的文本输出转化为具有明确结构和意义的数据，从而满足不同应用的需求。

输出解析器能将生成文本转换为结构化的格式，它主要实现以下两种方法。

- 获取格式指令：返回字符串，包含了语言模型输出应如何格式化的指令。
- 解析：接收字符串（假定为来自语言模型的响应），并将其解析成某种结构。

还有一种可选方法。

带提示解析：接收字符串和提示，并将其解析成某种结构。提供提示是为了在输出解析器想要重试或以某种方式修复输出时，可以从提示中获取信息。

输出解析器通过以上方法，为从语言模型获取的输出提供了一个清晰、结构化的处理方式，使开发者能够根据项目需求，将模型的文本输出转换为更具有实用性和可操作性的结构化数据。通过编写输出解析器，开发者可以为特定应用定制语言模型的输出处理逻辑，进一步提高项目的灵活性和可维护性。

3.5.1　CRM 数据整合：PydanticOutputParser 实现输出解析

为了更进一步了解输出解析器是如何工作的，让我们进入示例环节。依旧以自动客服系统为例，在这个系统中我们会使用大模型为用户提供产品咨询、营销、技术支持等服务。假设我们需要将用户和大模型之间的问答内容，传递给 CRM 系统，让这个系统帮助我们对内容进行分析，为后续的服务提供更好的体验。在这一过程中，CRM 系统需要接收经过格式化的客户交互数据，包括客户的问题和 AI 客服的响应，再进行进一步的分析，如客户满意度分析、常见问题汇总等。为了满足 CRM 系统的需求，我们需要将大模型的输出格式化为特定的 JSON 格式，包括客户的问题和 AI 的响应。这样，CRM 系统可以更好地理解和处理这些数据。如图 3-13 所示，用户输入的 prompt 和输出格式的定义都会在提示模板中进行声明，连同用户输入作为请求发送给大模型，大模型在返回响应的时候，会根据输出解析器定义的格式将响应内容格式化，最终返回给外部系统。

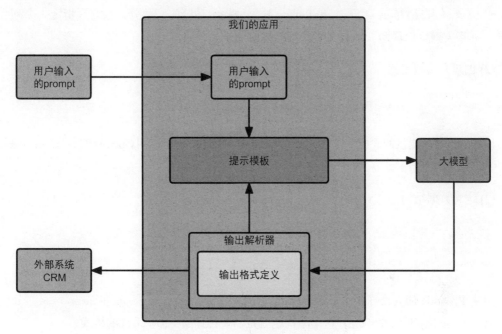

图 3-13 输出解析器的格式定义

现在，我们可以根据这个场景来实现代码。代码中需要定义一个新的数据结构，它包含客户的问题和 AI 的回答。然后，创建解析器来将大模型的输出转换为这个数据结构，并将它格式化为 JSON。最后，将格式化的 JSON 数据传递给 CRM 系统。

(1) 导入类和模块

```
from langchain_core.prompts import PromptTemplate
from langchain_community.llms import OpenAI
from langchain.output_parsers import PydanticOutputParser
from pydantic import BaseModel, Field
from typing import List
```

以上代码用于导入所需的类和模块，以便于后续的操作。

- PydanticOutputParser：该类用于解析和验证大模型输出，它使用 Pydantic 库来定义输出的结构，并确保输出符合这个结构。
- BaseModel（来自 Pydantic）：Pydantic 的核心是 BaseModel 类，它允许定义数据模型的结构和验证规则，同时提供了数据的序列化和反序列化功能。
- Field（来自 Pydantic）：Field 用于设置字段的额外信息，例如默认值、别名和验证规则。
- List（来自 typing）：List 是 Python 的类型提示系统的一部分，它允许指定一个列表的元素类型，以帮助工具和 IDE 更好地理解用户的代码。

(2) 创建大模型实例

```
llm = OpenAI(model_name='text-davinci-003')
```

由于千帆平台提供的大模型在 JSON 转换时会遇到问题，这里使用 OpenAI 的 text-davinci-003 模型完成功能演示。

(3) 定义数据结构

```
class CustomerInteraction(BaseModel):
    question: str = Field(description=" 客户的问题 ")
    response: str = Field(description="AI 的响应 ")
```

定义 Pydantic 的一个子类 BaseModel，它有两个字段：question 和 response，分别用于存储客户的问题和 AI 的响应。这个结构也就是需要传递给 CRM 系统的格式。

(4) 创建解析器实例

```
parser = PydanticOutputParser(pydantic_object=CustomerInteraction)
```

创建 PydanticOutputParser 实例，它将用于解析模型的输出，并将其结构化为 Customer-Interaction 对象，这个对象在前面已经定义好了。

(5) 创建提示模板

```
prompt = PromptTemplate(
        template=" 响应用户的查询，中文输出。\n{format_instructions}\n{query}\n",
        input_variables=["query"],
        partial_variables={"format_instructions": parser.get_format_instructions()}
    )
```

创建 `PromptTemplate` 实例，构造向大模型发送的提示消息。`template` 字段是提示的模板，`input_variables` 和 `partial_variables` 是将被插入模板的变量。

(6) 构造查询并获取结果

```
customer_query = "怎样查询我的订单状态？"
input = prompt.format_prompt(query=customer_query)
output = llm(input.to_string())
```

定义字符串 `customer_query` 作为用户的查询，并使用 `prompt` 对象的 `format_prompt()` 方法来构造提示，以发送给模型执行。

来看看结果，如下：

```
{"question": "怎样查询我的订单状态？", "response": "您可以登录您的账号，查看您的订单
状态。"}
```

将用户与 AI 的对话通过格式化的形式保存，就可以与 CRM 系统进行交互了。

3.5.2　解析自动修复：`OutputFixingParser` 实现解析失败的备选方案

上面介绍的是 `PydanticOutputParser` 的输出解析器，不仅可以自定义输出字段，还可以对字段进行验证。实际上 LangChain 自带的许多输出解析器都放在 `langchain.output_parsers` 包中。例如：`DatetimeOutputParser` 对日期类型进行解析，`CommaSeparatedListOutputParser` 是将以逗号分隔的内容转化为列表，使用方法比较简单。由于篇幅问题就不逐一介绍了，大家可以自行尝试。

值得一提的是 `OutputFixingParser`，它是一种特殊的输出解析器设计，用来处理原始解析器（例如：`PydanticOutputParser` 解析器）无法解析的字符串。其核心逻辑是利用一个语言模型尝试"修复"字符串，使其满足原始解析器的解析要求。

如图 3-14 所示，其执行流程如下：用户输入与输出分析器定义的格式一起交给 `PydanticOutputParser` 解析器进行处理，生成的响应结果交给输出分析器分析，如果解析成功，直接返回用户。如果解析失败，会调用 `OutputFixingParser` 类利用大模型的能力进行重新解析。由于之前的 `PydanticOutputParser` 解析失败，所以这里换成大模型。解析成功之后返回用户。

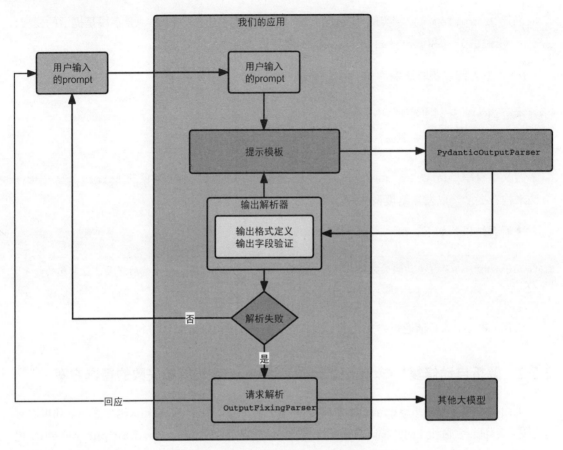

图 3-14　**OutputFixingParser** 工作流程

代码展示如下：

```
from langchain_community.llms import OpenAI
from langchain.output_parsers import PydanticOutputParser, OutputFixingParser
from pydantic import BaseModel, Field
from langchain_core.exceptions import OutputParserException  # 请确保该异常类存在或导入正确的异常类
from typing import List

# 初始化大模型
llm2 = OpenAI(model="gpt-3.5-turbo")

# 定义一个名为 TechSupport 的数据结构，包含 query（查询）和 response（响应）两个字段
class TechSupport(BaseModel):
    query: str = Field(description="客户的问题")
    response: str = Field(description="技术支持的响应")
```

```
# 创建一个 PydanticOutputParser 实例，用于解析 TechSupport 数据结构
parser = PydanticOutputParser(pydantic_object=TechSupport)

# 定义一个错误格式化的字符串
misformatted = "{'query': ' 手机如何恢复出厂设置 ', 'response': ' 技术支持 '}"

try:
    # 尝试使用 parser 来解析 misformatted 字符串
    parsed_output = parser.parse(misformatted)
except OutputParserException as e:
    # 如果解析失败，打印异常信息
    print(f" 解析异常：{e}")
    print(" 使用 llm2（gpt-3.5-turbo 模型）来尝试修复和解析 ...")

    # 创建一个 OutputFixingParser 实例
    new_parser = OutputFixingParser.from_llm(parser=parser, llm=llm2)

    # 使用 OutputFixingParser 和 llm2 来尝试解析 misformatted 字符串
    parsed_output = new_parser.parse(misformatted)

# 输出解析结果
print(parsed_output)
```

　　这段代码的目的是尝试解析一个格式错误的字符串 misformatted，并在解析失败时尝试修复和解析该字符串。以下是代码各部分的解释。

　　(1) 导入需要的库和模块

　　其中 OpenAI、QianfanLLMEndpoint 是用来执行解析的两个不同的大模型平台。Pydantic-OutputParser 用来定义解析格式，OutputFixingParser 负责修复解析。

　　OutputParserException 用来异常处理。

　　(2) 初始化大模型

　　创建 OpenAI 的实例，命名为 llm2，用作演示解析输出格式的模型。

　　(3) 定义数据结构

　　定义名为 TechSupport 的 BaseModel 子类，其中包含两个字段：query（客户的问题）和 response（技术支持的响应）。

　　(4) 创建 PydanticOutputParser 实例

　　定义输出解析格式的实体类。

(5) 定义错误格式化的字符串

为了演示方便，直接创建一个名为 `misformatted` 的字符串，该字符串包含一个格式错误的 JSON 对象。

(6) 尝试解析字符串

使用 `parser` 实例尝试解析 `misformatted` 字符串。如果解析失败，`OutputParser-Exception` 异常会被抛出，并进入 `except` 代码块。

(7) 处理解析异常

打印异常信息，并使用大模型（`llm2`）进行格式解析。

代码的主要流程是首先尝试使用 `PydanticOutputParser` 解析一个格式错误的字符串，如果解析失败，则尝试使用 `OutputFixingParser` 和大模型（`llm2`）来修复和重新解析该字符串。

接下来看看结果：

```
解析异常：Failed to parse TechSupport from completion {'query': '手机如何恢复
出厂设置', 'response': '技术支持'}. Got: Expecting property name enclosed in
double quotes: line 1 column 2 (char 1)
使用 llm2（gpt-3.5-turbo 模型）来尝试修复和解析 ...
query='手机如何恢复出厂设置' response='技术支持'
```

从结果看，在 `PydanticOutputParser` 没有完成解析任务的情况下，`llm2` 进行了自动修复。

3.6　总结

本章以从基础到实战的方式，呈现了模型输入 / 输出组件在自动客服系统中的应用。通过提示模板的灵活设计，能够构建出与用户交互更为自然、高效的系统。同时，通过示例选择器的设计，能够更准确地理解和分类用户的请求，为后续的处理提供便利。而在模型交互核心部分，介绍了 LangChain 框架的介绍和实战应用，展示了如何通过技术优化来提升系统的效能和交互体验。最后输出格式解析的部分，提供了一个完整的解决方案，说明如何通过技术手段，实现模型输出与外部系统的无缝对接。

第 4 章

检索技术

摘要

　　本章主要介绍信息检索技术及其在构建自动客服系统中的应用。首先介绍检索的执行路径和组件功能，说明检索过程中各组件的角色。随后讲解文档加载器的设计，它作为连接数据源与文档的重要工具，能够有效地处理和加载数据。接着，转向文档转换器的介绍，包括递归文本分割策略和用户评论的智能转换，文档转换器能够将原始文档转换为适合处理的格式。在文本嵌入向量的部分，深入解析词向量的原理，并讲解如何将文本转换为机器可理解的向量。随后探讨向量的存储方法，如何将其存储到数据库中，为检索准备数据。最后，介绍检索器的设计和应用，特别是多维查询和上下文压缩技术的使用，它们极大地提高了检索的效率和准确度，使得自动客服系统能够准确地理解并满足用户的需求。

4.1 检索概要：执行路径与组件功能

在很多大模型的应用中，会出现由于业务需要而引入外部数据的情况，虽然这些数据并不是大模型的一部分，但是在业务应用中会与大模型合作完成任务。为了达到这个目的，需要实现检索增强生成（retrieval augmented generation，RAG）技术。在此过程中，外部数据被检索并在生成步骤时传递给大模型。

LangChain 为 RAG 应用提供了多个组件模块。如图 4-1 所示，外部文档会通过文档加载器（document loader）加载到应用中，加载后的文档会通过文档转换器（document transformer）进行转换，比如分割文本。转换之后的文档会交给文本嵌入模型（text embedding model），它的工作是将文本块转化为向量，再将向量保存到向量存储（vector store）中进行持久化。最终，检索器（retriever）通过向量存储对嵌入的文档进行查询。

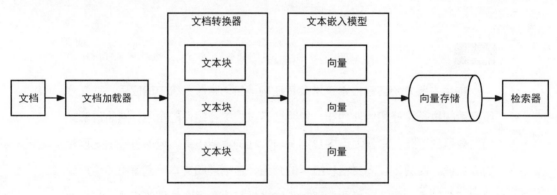

图 4-1 LangChain 检索技术全貌

本章将覆盖与检索步骤有关的组件，整体内容如下。

(1) 文档加载器

该组件的主要任务就是处理不同类型的文档，并让系统识别这些文档。LangChain 提供了超过 100 种不同的文档加载器，包括 CSVLoader、UnstructuredHTMLLoader、PyPDFLoader 等。

(2) 文档转换器

由于大模型处理输入的 token 长度有限，所以文档转换器的主要工作是将长文档分割为小块。LangChain 提供了几种不同的算法来实现此目的，以及为特定文档类型（如代码、markdown 等）提供优化。

(3) 文本嵌入模型

该组件主要用来将文本的语义、含义、特征等信息转化为向量并嵌入，其目的是帮助应用快速有效地找到相似的文本片段。LangChain 集成了超过 25 种嵌入提供商和嵌入方法。同时，LangChain 还提供了标准接口，方便在嵌入模型之间切换。

(4) 向量存储

嵌入之后的向量信息需要保存，向量存储就是用来保存这些信息的。LangChain 提供了超过 50 种向量存储的集成，从开源的本地存储到云托管的专有存储，并提供标准接口来访问这些向量存储。

(5) 检索器

向量数据保存到向量数据库之后，就需要提供检索这些数据的功能。LangChain 支持多种检索算法。通过简单的语义搜索，就能够高效地获取向量信息。

接下来，就让我们一一了解这些组件的工作原理和最佳实践。

4.2 文档加载器：连接数据源与文档的工具

文档加载器是为了从特定的数据源中加载数据，并将其转换为文档格式而设计的工具。在这里，文档是由文本及其相关元数据组成的数据结构。例如，有些文档加载器专门用于加载简单的 TXT 文件，有些则可以加载任何网页的文本内容，甚至有能够加载视频字幕的文档加载器。

此外，一些文档加载器还实现了"lazy load"功能，允许将数据"懒加载"到内存中。这意味着只有真正需要使用数据时，数据才会被加载到内存中。这种方法非常适用于处理大型数据集，可以节省宝贵的内存资源，同时确保系统的响应速度。

通过使用文档加载器，可以将不同来源的数据统一为标准的文档格式，为后续的文本处理和分析提供便利，同时也为构建与多种数据源交互的文本处理系统奠定了基础。无论是简单的文本文件，还是复杂的网络内容，文档加载器都能提供强有力的支持。

假设在自动客服场景中需要加载产品信息，产品信息是通过 CSV 文件保存的，该 CSV 文件的内容如下：

```
品牌,型号,价格

Apple,iPhone 13 Pro Max,9999

Samsung,Galaxy S21 Ultra,8999

Xiaomi,Mi 11 Ultra,5999

Huawei,P40 Pro+,7999

OnePlus,OnePlus 9 Pro,7299

OPPO,Reno6 Pro+,4999

vivo,X60 Pro+,5499

Realme,Realme GT Master,3299

Google,Pixel 6 Pro,7999

ASUS,ROG Phone 5,7999
```

　　从文件内容可以看出 CSV 文件的字段通过 ","（逗号）进行分隔，分别指定了手机产品的品牌、型号和价格信息。

　　下面来看加载的代码。

```
from langchain_community.document_loaders.csv_loader import CSVLoader

# 实例化 CSVLoader, 指定需要加载的 CSV 文件路径
loader = CSVLoader(file_path='products.csv')

# 调用 load() 方法加载数据
data = loader.load()

# 打印加载的数据
print(data)
```

　　(1) 导入 CSVLoader 类

　　从 langchain_community.document_loaders 模块中导入了 CSVLoader 类，用来加载文档。

　　(2) 实例化 CSVLoader

　　通过 CSVLoader 的实例，指定要加载的 CSV 文件的路径 products.csv。为了方便测试，将 CSV 文件放在与程序名相同的目录下面。

(3) 加载数据

通过调用 `CSVLoader` 实例的 `load()` 方法，将指定 CSV 文件中的数据加载到 `data` 变量中。

输出结果如下：

```
[Document(page_content='品牌：Apple
型号：iPhone 13 Pro Max
价格：9999', metadata={'source': 'products.csv', 'row': 0}), Document(page_
content='品牌：Samsung
型号：Galaxy S21 Ultra
价格：8999', metadata={'source': 'products.csv', 'row': 1}), Document(page_
content='品牌：Xiaomi
型号：Mi 11 Ultra
价格：5999', metadata={'source': 'products.csv', 'row': 2}), Document(page_
content='品牌：Huawei
型号：P40 Pro+
价格：7999', metadata={'source': 'products.csv', 'row': 3}), Document(page_
content='品牌：OnePlus
型号：OnePlus 9 Pro
价格：7299', metadata={'source': 'products.csv', 'row': 4}), Document(page_
content='品牌：OPPO
型号：Reno6 Pro+
价格：4999', metadata={'source': 'products.csv', 'row': 5}), Document(page_
content='品牌：vivo
型号：X60 Pro+
价格：5499', metadata={'source': 'products.csv', 'row': 6}), Document(page_
content='品牌：Realme
型号：Realme GT Master
价格：3299', metadata={'source': 'products.csv', 'row': 7}), Document(page_
content='品牌：Google
型号：Pixel 6 Pro
价格：7999', metadata={'source': 'products.csv', 'row': 8}), Document(page_
content='品牌：ASUS
型号：ROG Phone 5
价格：7999', metadata={'source': 'products.csv', 'row': 9})]
```

可以看出除了包含原文件里的内容，输出结果中还包含 metadata 这样的元数据信息，以说明内容来自什么文件、数据位于第几行等。

如果 CSV 文件的字段由特定的分隔符分隔，或者需要特定的引号字符来封装包含特殊字符的字段，可以通过 csv_args 参数来指定这些选项，代码如下：

```
# 实例化 CSVLoader，指定需要加载的 CSV 文件路径，同时指定 csv 参数，包括分隔符、引用字符和字段名
loader = CSVLoader(file_path='products.csv', csv_args={
    'delimiter': ',',
    'quotechar': '"',
    'fieldnames': ['品牌', '型号', '价格']
})

# 调用 load() 方法加载数据
data = loader.load()

# 打印加载的数据
print(data)
```

需要对 csv_args 的两个参数进行说明。

- delimiter：定义字符，用于分隔 CSV 文件中的字段。通常大多数 CSV 文件使用逗号作为分隔符，但也有可能使用其他字符，如制表符（'\t'）或分号（';'）。
- quotechar：定义字符，用于封装那些包含特殊字符（如分隔符、换行符或其他引号字符）的字段。常见的引号字符是双引号（""）。如果字段中包含特殊字符，那么这个字段会被 quotechar 定义的字符封装起来。例如，如果你的分隔符是逗号，而你有一个字段是 "John, Smith"，那么这个字段会被写成 ""John, Smith""，以防止逗号被误解为字段的分隔符。

当然也可以指定获取某一个字段对应的信息。代码如下：

```
# 实例化 CSVLoader，指定需要加载的 CSV 文件路径，同时指定 source_column 参数，将 "品牌" 列作为每个文档的
  来源
loader = CSVLoader(file_path='products.csv', source_column="品牌")

# 调用 load() 方法加载数据
data = loader.load()

# 打印加载的数据
print(data)
```

看到这里肯定有人认为，这种文档的解析很多工具或者架构都可以实现，不过在业务场景中我们要面对的文件类型多如牛毛，会在应用中引入不同的包和组件。而 LangChain 将这些工具和组件都整合在一起，节省了寻找各种工具和试错的成本。如图 4-2 所示，在 `langchain_community.document_loaders` 包下面有各种各样的文档加载器，用来解析不同的文档类型，上面示例使用的 `CSVLoader` 只是冰山一角。

图 4-2 `langchain_community.document_loaders` 包

LangChain 所支持的文件加载格式还包括 HTML、TXT、JSON、PDF 等。需要注意的是有些文件加载 LangChain 也是借助第三方组件完成的，所以在使用之前需要进行第三方组件的安装。

4.3 文档转换器：文本分割与格式化

文档转换器是处理和修改已加载文档的关键组件。一旦加载了文档，通常会对它们进行转换从而更好地适应应用的需求。例如，GPT-3.5 Turbo 的每次请求的长度限制为 4096 个 token，在中文中，token 可以简单地理解为一个字或者词，关于 token 的详细解释会放到 4.4 节。在处理大量文本时，需要注意不能超过这个长度限制，否则可能需要将文本拆分成较小的段落，或者采取其他方法来适应这个限制。不同的模型可能会有不同的最大 token 序列长度限制，所以在选择模型时，了解它们的长度限制是很重要的。在处理用户请求的时候，需要将长文档分割成较小的文本块，以便它们能适应模型的上下文窗口。LangChain 提供了多种内置的文档转换器，以便于分割、合并、过滤或者以其他方式处理文档。

4.3.1　分块与重叠：递归文本分割策略

文本分割的主要功能是按照指定的长度将文本分成多个部分。假设有一段文本，其长度为 1000 个字符，而我们设定的分割长度为 100，那么这段文本将被分割成 10 个独立的部分。这样，我们可以将这 10 个部分分别提交给大模型进行处理。在这里，100 个字符的分割长度被称为 chunk size，也就是每个文本块的长度。然而，这种处理方法存在一定的问题。由于文本是根据长度被硬性分割的，某些上下文信息可能会在分割的过程中丢失。例如，一句话在还没说完时就被切断了，这对于理解文本的含义是不利的。为了解决这个问题，LangChain 的开发者设计了一种使每个文本块都包含一些相邻文本内容的方法。如图 4-3 所示，每个 chunk size 标记的两端都有一部分内容是与相邻文本块重叠的，这部分重叠的内容被称为 overlap。通过这种设计，每个文本块都能保留一部分相邻文本块的内容，这样在对文本进行理解时，便可以充分利用上下文信息，从而对文本的理解更为准确和全面。

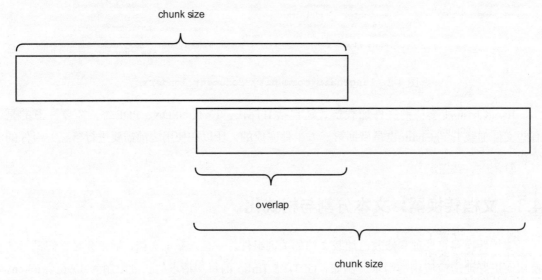

图 4-3　chunk size 与 overlap 示意图

通过以上的介绍，我们已经了解了文本分割的基本概念和它在处理长文本时的重要性。现在，我们将通过一个实际的示例来展示如何应用这种文本分割技术。在这个示例中，我们将处理一段关于智能手机的详细产品说明。我们的目标是将这段长文本分割成多个较小的文本块，每个文本块的长度为 100 个字符，并且每个文本块与其相邻的文本块有 20 个字符的重叠区域。这样设计是为了保留一些上下文信息，以便于更好地理解文本的含义。

文本分割的具体代码如下：

```python
# 定义一个长文本，该文本是一个关于智能手机的详细产品说明
product_description = """
该款智能手机配备了一块 6.7 英寸的超清液晶显示屏，分辨率高达 3200 像素 ×1440 像素，显示效果极为出色。搭载了高通骁龙 888 处理器，运行速度非常快，能够流畅运行大多数应用和游戏。内置 5000mA 大容量电池，续航能力强，支持快充技术，能在短时间内充满电池。拥有 128GB 的内部存储空间，可以存储大量的应用、照片和视频，同时支持扩展存储卡，最大可以扩展到 1TB。后置有 4800 万像素的高清摄像头，支持 8K 视频录制和超清拍照，前置有 2000 万像素的自拍摄像头，自拍效果非常好。支持 5G 网络，下载速度非常快，网络信号稳定。还有许多其他功能，如面部解锁、指纹识别、防水防尘等，为用户提供了极为便捷的使用体验。
"""
from langchain.text_splitter import RecursiveCharacterTextSplitter

# 实例化 RecursiveCharacterTextSplitter，文本块长度为 100 个字符，重量区域为 20 个字符
text_splitter = RecursiveCharacterTextSplitter(
        chunk_size = 100,
        chunk_overlap = 20,
        length_function = len
    )

# 使用 split_text() 方法将长文本分割成多个文档
chunks = text_splitter.split_text(text=product_description)

# 打印第一个文档，以查看分割的效果
# 遍历 chunks 列表并打印每个文本块及其索引
for index, chunk in enumerate(chunks):
    print(f"Chunk {index + 1}:\n{chunk}\n")
```

代码中，首先定义了所要处理的长文本 product_description，在实际场景中，这类长文本会从外部文件中读取，这里做了简化处理。然后，导入 RecursiveCharacterTextSplitter 类，该类主要用来定义如何进行文本分割。接着实例化一个 text_splitter 对象，其中 chunk_size 设置了分割后的每个文本块最多包含 100 个字符，chunk_overlap 设置了每个文本块之间的重叠程度为 20 个字符。需要说明的是，在示例中我们设置 100 和 20 的组合，而在实际开发中，chunk_size 需要设置成大模型接收输入的最大长度，或者稍微小于最大长度，chunk_overlap 可以调整为最大输入长度的 10% ～ 20%。接下来，调用 text_splitter 对象的 split_text() 方法，将长文本分割成多个文本块。

查看输出结果：

```
Chunk 1:
该款智能手机配备了一块 6.7 英寸的超清液晶显示屏，分辨率高达 3200 像素×1440 像素，显示效果极为
出色。搭载了高通骁龙 888 处理器，运行速度非常快，能够流畅运行大多数应用和游戏。内置 5000mA
大容量电

Chunk 2:
数应用和游戏。内置 5000mA 大容量电池，续航能力强，支持快充技术，能在短时间内充满电池。拥有
128GB 的内部存储空间，可以存储大量的应用、照片和视频，同时支持扩展存储卡，最大可以扩展到 1TB。
后置

Chunk 3:
持扩展存储卡，最大可以扩展到 1TB。后置有 4800 万像素的高清摄像头，支持 8K 视频录制和超清拍
照，前置有 2000 万像素的自拍摄像头，自拍效果非常好。支持 5G 网络，下载速度非常快，网络信号
稳定。还有许多

Chunk 4:
下载速度非常快，网络信号稳定。还有许多其他功能，如面部解锁、指纹识别、防水防尘等，为用户提
供了极为便捷的使用体验。
```

为了方便大家理解，我们将每个文本块重叠的部分通过花括号标注出来。最终 4 个文本块的结构如图 4-4 所示，chunk1 和 chunk4 两个位于首尾的文本块分别与相邻的文本块有一段字符重叠，中间的 chunk2、chunk3 分别与相邻的文本块有两段字符重叠。

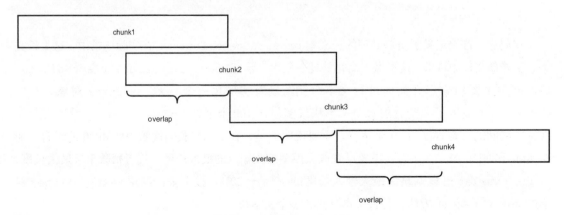

图 4-4　示例文本块的结构

这里稍微作个总结。在处理长文本时，直接将整个文本输入至大模型可能会遇到困难，因为大多数模型都有一个最大输入长度的限制。为了解决这个问题，LangChain 提供了一种特有的文本分割方法，将长文本分割成多个较小的文本块，使它们能够适应模型的输入限制，从而有效地处理长文本。

LangChain 的文本分割方法不仅仅是简单地按照固定长度将文本分割成多个部分，而是通过一种递归的文本分割策略，保证了每个文本块与其相邻文本块有一定数量的重叠字符。这种重叠的设计有助于保持文本块之间的上下文关系，以便在处理每个文本块时，模型能够捕获和理解前后文本块之间的关联，从而提高了文本理解和处理的准确性。

这种处理方式很适合大模型，因为它允许模型在处理较小的文本块时，还能获取一定的上下文信息，避免了因为简单的分割而导致的上下文丢失问题。通过这种方法，LangChain 能够充分利用大模型的强大能力，同时还能高效地处理长文本，使得模型能够在分析和理解长文本时，保持高度的准确性和连贯性。

4.3.2 结构化数据抽取：用户评论智能转换

上一节我们介绍了如何分割长文本以方便大模型处理，接下来我们再介绍一种文本处理技术。随着网络购物的普及，用户在电商平台上留下的评论成了商家重要的参考资源。通过系统地分析用户评价，商家可以洞察产品的优劣，从而制定相应的营销策略。然而，面对海量且非结构化的评论数据，传统的分析方法力不从心。于是，我们转向利用大模型技术来解决这个问题。在以下示例中，我们将展示如何从网络上爬取不同手机的用户评论，再借助 LangChain 库的 create_metadata_tagger() 函数，根据预设的 schema，从用户评论中抽取出结构化的信息，包括产品名称、情感倾向和评分。经过处理，用户评论中的自然语言转变为结构化数据，并以 JSON 格式输出，方便我们进一步分析和应用。处理过程如图 4-5 所示。通过这种方式，我们能够快速了解各类产品在用户心中的地位，为产品改进和市场分析提供参考，同时也为更复杂的机器学习任务，如情感分析和商品推荐等，提供丰富的训练数据。

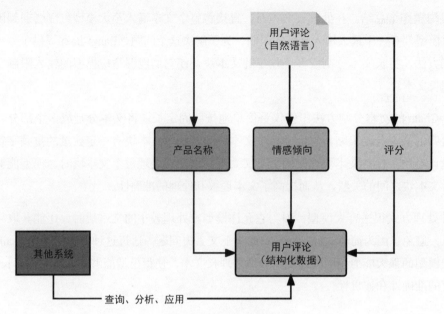

图 4-5 关键信息抽取

下面来看代码：

```python
from langchain_core.documents import Document
from langchain_community.chat_models import ChatOpenAI
from langchain_community.document_transformers.openai_functions import create_metadata_tagger

# 定义新的 schema
schema = {
    "properties": {
        "产品名称": {"type": "string"},
        "情感倾向": {"type": "string", "enum": ["正面", "负面"]},
        "评分": {
            "type": "integer",
            "description": "用户给出的评分，满分为5",
        },
    },
    "required": ["产品名称", "情感倾向"],
}

# 创建 ChatOpenAI 对象
llm = ChatOpenAI(model="gpt-3.5-turbo")

# 创建元数据标签生成器
document_transformer = create_metadata_tagger(metadata_schema=schema, llm=llm)
```

(1) 定义 schema

定义一个名为 schema 的字典，它说明了需要从文档中提取的信息。本例中，要提取的属性是"产品名称""情感倾向"和"评分"。使用 create_metadata_tagger() 函数创建 document_transformer 对象，它会根据定义的 schema 来标记文档。由于只有 OpenAI 的函数支持文本抽取功能，因此这里使用的是 gpt-3.5-turbo 模型（从引入的包 langchain.document_transformers.openai_functions 就可以看出）。

```python
# 定义原始文档
original_documents = [
    Document(
        page_content=" 华为 P40 评价 \nBy 用户 A\n\n 我非常喜欢这款手机，摄像头非常好。5 星满分。"
    ),
    Document(
        page_content=" 三星 Galaxy 评价 \nBy 用户 B\n\n 电池续航令人失望。给 2 星。"
    ),
]

# 转换文档
enhanced_documents = document_transformer.transform_documents(original_documents)

# 打印经过处理后的文档
import json
print(
    *[d.page_content + "\n\n" + json.dumps(d.metadata, ensure_ascii=False, indent=2) for d
in enhanced_documents],
    sep="\n\n---------------\n\n"
)
```

(2) 文档转换

创建一个 original_documents 列表，用来保存用户的评论信息，这部分信息我们假设已经从网络上爬取，并且做了简单的清洗，此时该信息还属于自然语言。接着，调用 document_transformer.transform_documents() 方法对其进行信息抽取，转换成结构化数据。

最后，使用 print() 函数和 json.dumps() 方法来打印结果，如下：

```
华为 P40 评价
By 用户 A

我非常喜欢这款手机，摄像头非常好。5 星满分。
```

```
{
  "产品名称": "华为 P40",
  "情感倾向": "正面",
  "评分": 5
}


---------------

三星 Galaxy 评价
By 用户 B

电池续航令人失望。给 2 星。

{
  "产品名称": "三星 Galaxy",
  "情感倾向": "负面",
  "评分": 2
}
```

从打印的结果可以看出，我们对两条用户评论的自然语言进行转换，最终形成了包含产品名称、情感倾向、评分三个字段的结构化数据，这样可以方便后续的处理。

4.4　文本嵌入向量：深入词向量原理

4.3 节主要解决的是文档转换问题，将载入的文档转换成大模型能够处理的长度或者结构。原始数据经过加载、转换，接着保存起来以供查询，这个保存的结果还需要能够被大模型所识别，只有这样大模型才能根据用户输入的自然语言查询到数据。为了达到这个目的，我们需要将结构化数据转换成另外一种形式保存起来，这种形式就叫作向量。现在我们将进一步了解文本嵌入向量的概念。

在深入探讨文本嵌入向量之前，我们首先需要理解什么是 token。简单来说，token 是文本的基本单位，可以是一个字、一个词的词根或前缀后缀。例如，在英文中，"unhappiness"可以被分解为三个 token："un""happi"和"ness"。在中文中，"不满意"可被分解为三个 token："不""满""意"。

采用 token 有很多好处。首先，它能够帮助处理新词和罕见字，通过已有的 token 组合成新的词。其次，token 能够共享单词中的相同词根，从而在不改变词根的情况下扩展词汇表。此外，通过 token，大模型可以生成更复杂的词和含义，进而更准确地理解和分析文本。token 不仅简化了文本处理过程，还为深入挖掘文本中的信息提供了基础。

如果说 token 代表的是自然语言的基本单位（一个字或一个单词），那么如何让大模型识别 token 呢？答案是通过向量。每个 token 都可以被转换为一个向量，向量包含了该 token 的多方面特征信息。通过这种转换，我们能够在数值空间中表示文本，为后续的文本分析、机器学习等任务提供便利。同时，通过向量，我们能够量化地表达文本中的信息，使得计算机能够处理和理解。

上面这段话听起来比较抽象，我们来举个例子。假如将"猫"转换为如下向量：

猫 $[1, 0.1, 0, -1]$

假设"猫"可以表示为长度为 4 的数组，也就是一个 4 维的向量。这个数组的每一位都代表了"猫"不同的特征。

第 1 位代表是否为名词，值为 1，代表"猫"是一个名词的概率特别大。

第 2 位代表是否是动词，值为 0.1，代表"猫"是动词的概率比较小，但也有例外，例如：猫着腰。

第 3 位代表与植物的关联程度，值为 0，代表"猫"和植物没有什么关系。

第 4 位代表"猫"与"狗"之间的关系，值为 -1，似乎在暗示猫与狗之间总是存在矛盾。

大模型就是通过上述原理来描述一个 token 的，我们还可以列举出更多的特征，例如：毛发、声音、形体，甚至还可以结合上下文，描述其与上下文中其他词向量之间的关系。因此，在大模型中每个词向量都非常长，比如 GPT-3 使用了 12 288 维的向量，也就意味着"猫"这一个词向量由长度为 12 288 的数组来描述，可想而知描述的特征是非常多的。这也是大模型的魅力所在，经过训练的大模型对词语有着丰富的理解。

同时，我们将 token 保存为向量的方式称为 embedding，也就是向量嵌入的意思。

通过下面的代码体会向量嵌入：

```
from langchain_community.embeddings import QianfanEmbeddingsEndpoint
embeddings_model = QianfanEmbeddingsEndpoint()
embeddings = embeddings_model.embed_documents(["猫"])
# 向量的维度是 384
print("向量的长度")
print(len(embeddings[0]))
print("向量的内容")
print( embeddings[0])
```

我们利用 QianfanEmbeddingsEndpoint 类中的 embed_documents() 方法对"猫"进行向量转换，分别打印了向量的维度和内容。向量的维度是 384，说明使用了 384 维的向量来描述"猫"，换句话说，通过 384 个特征来描述了"猫"这个词。向量的内容比较长，这里只截取如下一部分：

```
[0.07692479342222214, -0.039530545473098755, -0.032230570912361145, -0.006082774605602026,
-0.025361282750964165,...]
```

从结果上看，基本都是无法理解的浮点数，你能从这些数字看出描述的是"猫"吗？所以，人类是无法阅读向量的，只有大模型，并且是经过训练的大模型才能理解。

对于 LangChain 来说，如图 4-6 所示，它通过实现 Embeddings 接口的类来提供来自各个模型平台嵌入的封装。这些模型提供商包括百度千帆、OpenAI 和 Hugging Face 等。

图 4-6　LangChain 平台的 embeddings

4.5 向量存储：从嵌入到查询

在向量嵌入的基础上，我们可以进一步探讨向量存储的概念。处理非结构化数据的一种常见方式是将其嵌入并存储所得到的嵌入向量，然后在查询时嵌入非结构化查询，并检索与嵌入查询"最相似"的嵌入向量。向量存储负责存储嵌入数据并执行向量搜索。

说白了，存储使用的是向量，搜索的时候会把搜索的内容转换成向量，然后再把搜索的向量与存储的向量进行比较，以找到与查询向量最相似的向量。前面我们提到了词向量就是一个数组，里面的浮点数是人类无法识别的。那么大模型是如何比较这些向量的呢？常用的相似度度量方法有余弦相似度（cosine similarity）和欧几里得距离（Euclidean distance）。余弦相似度衡量的是两个向量之间的角度，值越接近 1，表示向量越相似；而欧几里得距离衡量的是向量之间的直线距离，值越小表示向量越相似。在实际应用中，通常会根据具体的需求和数据的特点选择合适的相似度度量方法来进行向量之间的比较。

这里如果对向量之间的比较没有搞清，也不要紧，毕竟 LangChain 已经对这部分工作进行了封装，我们这里将关注点放到如何实现向量存储以及查询上。

在 LangChain 库中，向量存储部分实现了连接第三方向量数据库的接口，包括 Chroma 和 FAISS。Chroma 是一个基于内存的向量数据库，它提供了快速的向量搜索和嵌入存储功能，适用于小到中等规模的数据集。而 FAISS 是 Facebook 开源的一个高维向量相似度搜索和聚类库，它针对大规模数据集进行了优化，提供了高效的向量索引和搜索功能。两者都为用户提供了方便的 API 接口，使得用户可以轻松地在 LangChain 中利用这两个库进行向量存储和检索。下面我们会通过调用 Chroma 数据库保存并且查询手机产品的信息。

在编写代码之前需要通过如下代码安装 Chroma 数据库：

```
!pip install chromadb
```

在 4.3.1 节中我们介绍过文本分割的功能，这里我们会延续这个例子，把智能手机的产品介绍分割成小的文本块，然后再将其存储到 Chroma 向量数据库中，最后通过提问的方式对其进行查询。代码如下：

```
from langchain_community.embeddings import QianfanEmbeddingsEndpoint
from langchain.text_splitter import RecursiveCharacterTextSplitter
from langchain_community.vectorstores import Chroma
```

```
# 定义一个长文本，该文本是一个关于智能手机的详细产品说明
raw_documents = """
该款智能手机配备了一块 6.7 英寸的超清液晶显示屏，分辨率高达 3200 像素 ×1440 像素，显示效果极为出色。搭载了高
通骁龙 888 处理器，运行速度非常快，能够流畅运行大多数应用和游戏。内置 5000mA 大容量电池，续航能力强，支持快充
技术，能在短时间内充满电池。拥有 128GB 的内部存储空间，可以存储大量的应用、照片和视频，同时支持扩展存储卡，最
大可以扩展到 1TB。后置有 4800 万像素的高清摄像头，支持 8K 视频录制和超清拍照，前置有 2000 万像素的自拍摄像头，
自拍效果非常好。支持 5G 网络，下载速度非常快，网络信号稳定。还有许多其他功能，如面部解锁、指纹识别、防水防尘等，
为用户提供了极为便捷的使用体验。
"""

# 实例化 RecursiveCharacterTextSplitter，块长度为 100 个字符，重叠区域为 20 个字符
text_splitter = RecursiveCharacterTextSplitter(
          chunk_size = 100,
          chunk_overlap = 20,
          length_function = len
     )
documents = text_splitter.split_text(text=raw_documents)
vectorStore = Chroma.from_texts(documents, QianfanEmbeddingsEndpoint())

query = "手机分辨率如何"
# 查询已经存储向量的手机描述信息
docs = vectorStore.similarity_search(query)
print(docs[0].page_content)
```

由于代码中的文本分割的部分大家已经比较熟悉了，我们快速复习一下，把关注点放到嵌入和查询的部分。

(1) 文本分割

- RecursiveCharacterTextSplitter():用于将长文本分割成较小的文本块,便于处理。
- chunk_size：每个文本块的字符数。
- chunk_overlap：文本块之间重叠的字符数。

(2) 向量存储创建

Chroma.from_texts():创建一个 Chroma 向量存储，嵌入模型为 QianfanEmbeddings-Endpoint，并将文本块转换为嵌入向量。这里就是在进行 embedding 操作，使用千帆大模型提供的能力将文本块嵌入到 Chroma 向量数据库中。

(3) 相似度搜索

- query：查询词，用于搜索向量存储中的相关文档。
- similarity_search():在向量存储中执行相似度搜索,查找与查询内容最相关的文本块。这个方法就是在通过向量的比较查找与之相似的向量所对应的文本块。

来看看结果，如下：

> 该款智能手机配备了一块 6.7 英寸的超清液晶显示屏，分辨率高达 3200 像素 ×1440 像素，显示效果极为出色。搭载了高通骁龙 888 处理器，运行速度非常快，能够流畅运行大多数应用和游戏。内置 5000mA 大容量电

从运行结果来看，程序虽然回答了与分辨率相关的信息，但是还夹杂了一些其他信息。为什么呢？记得在 4.3.1 节中我们提到的吗？文本的分割是会根据 chunk_size 将长文本切成文本块，这些文本块在保存到向量数据库之后，需要通过 similarity_search() 方法进行查找，而查找所返回的结果就是文本块。此时，我们得到的只是经过分割的文本块，离我们期望的信息还有一定差距。

于是我们调整代码，加入如下代码：

```
from langchain.chains.question_answering import load_qa_chain
from langchain_community.llms import QianfanLLMEndpoint
# 创建一个 QianfanLLMEndpoint 对象，用于后续与大模型交互
llm = QianfanLLMEndpoint(model="Qianfan-Chinese-Llama-2-7B")
chain = load_qa_chain(llm=llm, chain_type="stuff")
response = chain.run(input_documents = docs, question = query)
print(response)
```

代码解释如下。

(1) 加载模型

QianfanLLMEndpoint()：创建一个大模型实例，选择的模型是 Qianfan-Chinese-Llama-2-7B。

(2) 加载问答链

load_qa_chain()：加载一个预先定义的问答链，选择的类型是 stuff，并且利用 llm 变量，即千帆大模型，用于进行文档向量的搜索。这里第一次出现了链的概念，链是用来处理多个模块协同工作的组件，在本例中连接了向量数据库和查询。

(3) 执行问答链

chain.run()：运行问答链，输入文档为 docs，它是用来保存向量的数据库；问题为 query，即我们要搜索的内容。

此时再运行代码，生成结果如下：

```
手机分辨率高达 3200 像素 × 1440 像素
```

这个答案与构建问答链之前的结果对比，是否靠谱多了？这是链将大模型与向量数据库的搜索等功能连接起来的效果。对于链的介绍，我们会在第 5 章展开，本章只需了解这种用法。

4.6　检索器：多维查询与上下文压缩

在向量存储环节，我们探讨了如何将文本嵌入向量并存储到向量数据库中，为了让这些数据发挥作用，接下来我们将介绍如何通过检索器来访问和查询向量数据。检索器是连接用户查询和向量数据库的桥梁，它能够理解用户的需求，然后在向量数据库中找到最匹配的数据返回给用户。通过高效的检索算法，我们可以快速地在大量向量数据中找到我们想要的信息。在 LangChain 中，多种检索算法的支持使得语义搜索变得简单高效，让我们能够轻松地获取和利用向量信息。

下面就通过几个例子帮助大家了解检索器是如何工作的。假设自动客服系统提供产品咨询功能，可以帮助用户了解手机特性和功能，以便他们做出更明智的购买决定。

假设某个用户询问了相对模糊的问题："介绍手机特性"。问题虽然简单，但手机特性涵盖了很多细节，如处理器性能、屏幕分辨率、电池寿命和摄像头质量等。如图 4-7 所示，用户提出的问题比较模糊，此时通过向量数据库可以查找的内容范围也比较广，得到的结果也不会精准。此时，自动客服系统只根据这个模糊的问题给出一个简单的答案，可能无法满足用户的所有需求，或者可能会遗漏一些用户可能关心的重要信息。

图 4-7　用户的问题模糊导致结果不精准

为了提供更准确、更全面的回答，我们需要将原始问题拆分为多个更具体的子问题，并分别处理它们。如图 4-8 所示，当用户输入的问题模糊的时候，可以通过 LangChain 提供的 `MultiQueryRetriever` 类对其进行拆分，生成问题 1、问题 2 和问题 3，然后再到向量数据库中进行查询，最终返回相对精准的结果。

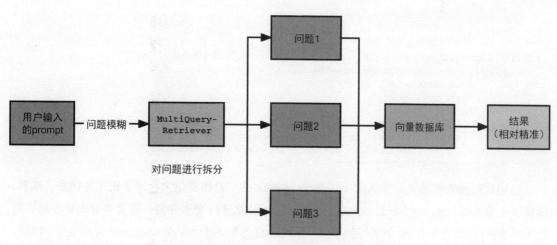

图 4-8 对问题进行拆分得到相对精准的结果

通过这种方式,自动客服系统可以更准确地理解用户的需求,并提供更详细的信息。例如,将原始问题拆分为以下三个子问题:

(1) 手机的特性有哪些?

(2) 手机有哪些功能和特性?

(3) 手机的特性和功能有哪些?

拆分之后,可以针对每个子问题分别从数据库中检索相关信息,然后整合所有信息,以一个更全面、更具信息量的回答来满足用户的原始查询。

在这种情况下,MultiQueryRetriever 就显得非常有用。它可以将一个模糊的查询拆分成多个更具体的查询,然后分别处理它们。通过与大模型的交互,MultiQueryRetriever 可以生成多个与原始查询相关的子查询,然后分别在向量数据库中检索相关文档,最终将所有检索到的文档整合在一起,以提供一个全面、准确的回答。这不仅可以提高回答的质量和准确性,还可以通过多维度的查询,使自动客服系统能够更好地理解和满足用户的需求。

下面来看代码,这里的例子和 4.5 节中的示例很像,只是产品描述的内容更加丰富,该内容保存为 raw_documents 变量,就是一大段对产品的描述。由于篇幅过长,这里将其省去,完整内容大家可以在图灵社区本书主页提供的源代码中查看。

```
raw_documents = """
"""
# 实例化 RecursiveCharacterTextSplitter, 块长度为 100 个字符, 重叠区域为 20 个字符
text_splitter = RecursiveCharacterTextSplitter(
            chunk_size = 100,
            chunk_overlap = 20,
            length_function = len
        )
documents = text_splitter.split_text(text=raw_documents)
vectorStore = Chroma.from_texts(documents, QianfanEmbeddingsEndpoint())
```

这段代码首先准备了一个名为 raw_documents 的字符串变量来存储手机描述信息。接着,创建了一个 RecursiveCharacterTextSplitter 对象进行文本分割,将文本分割成小块,每块 100 个字符,块之间有 20 个字符的重叠。分割后的文本块被保存在 documents 列表中。随后,代码利用 Chroma.from_texts() 方法和 QianfanEmbeddingsEndpoint 对象将文本块转换成向量,并存储在 Chroma 对象 vectorStore 中,为后续的向量搜索和比较操作做好准备。接下来就要进行查询拆分了,代码如下:

```
from langchain_community.llms import QianfanLLMEndpoint
from langchain.retrievers.multi_query import MultiQueryRetriever

llm = QianfanLLMEndpoint(model="Qianfan-Chinese-Llama-2-7B")
query = "介绍手机特性"
# 创建多维度问题查询
retriever_from_llm = MultiQueryRetriever.from_llm(
    retriever=vectorStore.as_retriever(), llm=llm
)
import logging
logging.basicConfig()
logging.getLogger("langchain.retrievers.multi_query").setLevel(logging.INFO)
# 通过多维度查询输入, 获取文档内容
unique_docs = retriever_from_llm.get_relevant_documents(query=query)
# 打印搜索的文档内容
for doc in unique_docs:
    print(doc)
```

对代码的解析如下。

(1) 导入查询拆分类

导入 MultiQueryRetriever 类,这是用来进行查询拆分的。接着,指定了一个查询字符串 query,其内容为"介绍手机特性",这就是用户提出的"模糊问题",后续需要我们进行拆分。

(2) 创建多维查询对象

创建 `MultiQueryRetriever` 对象，该对象能够从给定的查询字符串中生成多个相关查询，并通过 `retriever` 参数指定的 `vectorStore` 向量存储对象，以及 `llm` 参数指定的 `Qianfan-LLMEndpoint` 对象来检索和获取相关文档。这是通过调用 `MultiQueryRetriever.from_llm()` 方法实现的。

(3) 配置日志输出

为了能够观察到 `MultiQueryRetriever` 在执行过程中的日志输出，接下来的代码设置了日志配置，并指定 `langchain.retrievers.multi_query` 日志记录器的日志级别为 `INFO`。

(4) 执行多维度查询

通过调用 `retriever_from_llm.get_relevant_documents()` 方法，并传递之前定义的查询字符串 `query`，来执行多维度查询。该方法会返回与查询相关的文档列表，保存在 `unique_docs` 变量中。

运行代码，我们来查看结果，如下：

```
INFO:langchain.retrievers.multi_query:Generated queries: ['1. 手机的特性有哪些？', '2. 手机有哪些功能和特性？', '3. 手机的特性和功能有哪些？']
page_content=' 这款精良的智能手机集多种先进功能与特性于一身，为现代用户提供了极为出色的移动通信体验。首先，其搭载了一块 6.7 英寸的超清液晶显示屏，分辨率高达 3200 像素 ×1440 像素，呈现出鲜明清晰、色彩丰富的视觉效果，'
page_content=' 储存空间方面，该手机拥有 128GB 的内部存储空间，可以轻松存储大量的应用、照片和视频。而且，它还支持扩展存储卡，最大可以扩展到 1TB，为用户提供了足够的空间来保存珍贵的记忆。'
page_content=' 此外，该手机还具备了多种便捷功能，如面部解锁、指纹识别、防水防尘等，极大地丰富了手机的使用场景，为用户提供了极为便捷的使用体验。'
```

经过前面的讲解，我们了解到如何通过 `MultiQueryRetriever` 类将用户提出的一个较为模糊的问题拆分成多个更具针对性的问题，以便从不同的角度去检索相关的信息。然而，随着获取信息量的增加，可能会面临一个新的挑战：如何在保持信息完整性的同时，去除冗余内容，使得响应更为精练、易于理解？

为了解决这个问题，我们将引入一种新的技术——上下文压缩。通过利用 Contextual-
CompressionRetriever 和 LLMChainExtractor 类，我们可以对检索到的文档内容进行压缩
处理，提取最为关键的信息，去除不必要的"废话"，从而得到更为简洁、直接的响应。

首先，让我们延续上面的代码，看看在没有压缩的情况下的输出。

```
docs = vectorStore.similarity_search("介绍手机特性")
print(docs[0])
```

这行代码很简单，直接通过 vectorStore 向量数据库查询手机性能相关问题，并且把第
一条响应打印出来。结果如下：

这款精良的智能手机集多种先进功能与特性于一身，为现代用户提供了极为出色的移动通信体验。首先，
其搭载了一块 6.7 英寸的超清液晶显示屏，分辨率高达 3200 像素 ×1440 像素，呈现出鲜明清晰、色
彩丰富的视觉效果，

从结果上看内容比较多，并且还包含一些不是核心内容（手机特性）的信息，接下来使用
上下文压缩的方式对查询结果进行压缩。

```
from langchain.retrievers import ContextualCompressionRetriever
from langchain.retrievers.document_compressors import LLMChainExtractor

# 通过 OpenAI 提供的 llm 对文档进行压缩，即通过 llm 生成文本块摘要
compressor = LLMChainExtractor.from_llm(llm)
# 检索器将查询结果传递给上下文压缩检索器进行压缩，为后面查询做准备
# 这个检索器是基于未压缩的文档建立的，如果要对压缩的文档进行查询就需要放到这里进行压缩
compression_retriever = ContextualCompressionRetriever(base_compressor=compressor,
base_retriever=vectorStore.as_retriever())
# 通过压缩之后的检索器进行文档的查询
compressed_docs = compression_retriever.get_relevant_documents("介绍手机特性")
print(compressed_docs[0])
```

代码解释如下。

(1) 导入必需的类

导入了实现上下文压缩所需的类。ContextualCompressionRetriever 是用于执行压缩
检索的类，而 LLMChainExtractor 则是一个用于从大模型中提取压缩信息的类。

(2) 创建压缩器实例

创建了一个 `LLMChainExtractor` 实例 `compressor`，它使用之前创建的 `llm`（即 `QianfanLLMEndpoint` 实例）来实现文档压缩的功能。具体来说，它会通过 `llm` 生成文本块摘要，以缩短文档的长度。

(3) 初始化上下文压缩检索器

创建了 `ContextualCompressionRetriever` 实例 `compression_retriever`。它接收两个参数：`base_compressor` 和 `base_retriever`。`base_compressor` 参数指定了用于压缩文档的 `compressor` 实例，它对压缩方式进行了定义，而 `base_retriever` 参数则指定了用于检索文档的 `vectorStore.as_retriever()` 方法，它对检索方式进行了定义。`Contextual-CompressionRetriever` 告诉程序如何查询信息，然后对查询的结果进行压缩。

(4) 执行压缩检索

调用 `compression_retriever` 实例的 `get_relevant_documents()` 方法来执行压缩检索。它传递了一个查询字符串"介绍手机特性"，以获取与该查询相关的文档，并将返回的压缩文档保存在 `compressed_docs` 变量中。

下面来看结果，我们把压缩前后的结果放在一起进行比较。

压缩之前：

> 这款精良的智能手机集多种先进功能与特性于一身，为现代用户提供了极为出色的移动通信体验。首先，其搭载了一块 6.7 英寸的超清液晶显示屏，分辨率高达 3200 像素 ×1440 像素，呈现出鲜明清晰、色彩丰富的视觉效果，

压缩之后：

> 搭载了一块 6.7 英寸的超清液晶显示屏，分辨率高达 3200 像素 ×1440 像素

可以明显看到在使用上下文压缩技术后文本的变化。原始的文本包含了对智能手机的一些综合描述和特定的显示屏信息。而在压缩后的文本中，仅保留了与显示屏相关的重要信息，其他的描述和背景信息则被省略了。

　　这种压缩方式确保了重要的、具体的技术细节被保留，同时去除了可能被视为冗余的描述性内容。这种方式有助于用户将焦点集中于关键信息上，而不会被不必要的描述文字所干扰。这种压缩方式不仅能够提高检索和回答问题的效率，还能在一定程度上提升信息的准确度和可读性。

4.7　总结

　　本章详细介绍了从文档加载到信息检索的全过程，展现了构建高效自动客服系统所需的核心技术和方法。通过文档加载、文档转换和向量存储等技术，我们能够有效地处理、转换和存储数据，为后续的检索做好准备。而对于文本嵌入向量的探讨，帮助我们理解大模型如何理解和处理文本数据。最后，通过多维查询和上下文压缩技术，我们不仅能够处理模糊的查询，还能高效地从大量数据中快速找到精准的答案。

第 5 章

链组件

摘要

　　本章以模块设计和交互优化为出发点，深入探讨链（chain）组件（后面简称"链"）的应用和优化。提示模板和链的协同工作展示了如何优化交互，组合使用 StuffDocumentsChain 和提示模板，实现摘要生成。章节中的海量文档搜索展示了 MapReduceDocumentsChain 的应用，为处理大量文档提供了有效的解决方案。同时，通过讨论问题分类与路由选择，展示链在过滤请求方面的应用。接着介绍如何使用 SequentialChain 实现连续处理流程，从而提高服务效率。最后，通过明确数据库实体与关系，选择和安装 SQLite 数据库，并利用 SQL 数据库链实现从自然语言到 SQL 语句的转换，为构建自动客服系统提供了实用的指南和示例。

5.1　模块设计：链组件概述

在 LangChain 架构中，链组件占据了核心的位置，它如同一条锁链将多个组件（例如模型、提示模板、上下文记忆和检索器等）串联起来，构建出更为复杂的应用或功能。通过链，一个或多个任务或操作被组合起来，从而协同工作。

链不仅仅是一个接口，它是模块化、可重用性和可扩展性的象征。通过链，复杂的应用得以被妥善拆解成多个更为简单、易于管理和维护的模块。每一个模块都能够独立进行开发和测试，为开发流程注入了更多的灵活性。而这种模块化的设计也为开发人员打造了一个避免重复编写代码，从而提高开发效率的环境。更重要的是，链使得在应用的生命周期中，开发人员可以轻松地添加、修改或删除组件，以满足新的需求或优化现有功能，确保应用的可扩展性和可维护性。

在 LangChain 架构中，共有六大核心组件共同支撑着整个框架运行。从第 3 章和第 4 章的介绍中我们得知，模型输入 / 输出组件是一个桥梁，它使开发者能够与大模型交互，该组件包括提示模板、示例选择器、模型和输出解析器。而检索组件则为开发者提供了一个从应用的特定数据源中检索信息的接口，它不仅仅是对信息的检索，还包含了文档加载、文档转换以及向量存储等功能。在 4.5 节中我们就通过链连接向量数据库与大模型，使搜索到的结果更加符合人类的阅读习惯，实际上就是连接模型输入 / 输出组件和检索组件，使它们能够协同工作。

所以，链是一种易于重用的组件，它们通过将多个组件连接在一起实现了多功能的整合。通过编码成一系列的调用序列，链可以与模型、文档检索器、其他链等组件组合，并为这些序列提供一个简单的接口。

链的接口设计使得创建具备以下特性的应用变得容易。

- 有状态（stateful）：通过为任何链添加记忆（memory）组件，可以为它赋予状态，使得应用能够根据前面的交互或运行状态来调整后续的行为。
- 可观察（observable）：通过将回调（callback）传递给链，可以在主要的组件调用序列之外执行额外的功能，如日志记录，这使得开发者能够监控和分析链的运行情况。
- 可组合（composable）：链可以与其他组件（包括其他链）组合在一起，从而创建出复杂的功能和应用。通过组合不同的链，开发者能够构建出可处理多步骤或多方面任务的强大应用。

通过这些方式，链不仅提高了组件的重用性，也为构建模块化、可监控和易于扩展的应用提供了强有力的支持。

　　链在整个系统中像是一位指挥家，协调着各个组件，确保信息和任务能够顺畅地在各组件间传递和执行。此外，后面出现的上下文记忆、回调和代理等功能也都会使用它。

5.2　交互优化：提示模板与链协同工作

　　对链的介绍，我们从熟悉的提示模板开始，在 3.2.1 节中我们使用了动态提示构造提示请求，下面的例子将用链实现同样的功能，即创建一个能够回答客户退货问题的简单自动客服系统。通过使用 LangChain 框架和百度千帆大模型，并构建链让它们协同工作，它可以接收客户的退货问题作为输入，并生成相应的回答。代码如下：

```
from langchain.prompts import PromptTemplate
from langchain.chains import LLMChain
from langchain_community.llms import QianfanLLMEndpoint

# 创建提示模板
prompt = PromptTemplate(
    input_variables=["Query"],
    template = """ 你作为一个经验丰富的客服代表，请为以下客户问题提供解答：{Query}"""
)

llm = QianfanLLMEndpoint(model="Qianfan-Chinese-Llama-2-7B")
# 创建链
chain = LLMChain(llm=llm, prompt=prompt)

# 执行链并传递输入数据
response = chain.run({
    'Query': " 如何退货？ "
})

# 打印链的输出
print(response)
```

　　(1) 导入必要的类

　　在这部分，我们导入了三个必要的类：`PromptTemplate` 用于创建提示模板，`LLMChain` 用于构建链，`QianfanLLMEndpoint` 用于与百度千帆大模型交互。

　　(2) 创建提示模板

　　创建 `PromptTemplate` 实例，其中定义了一个输入变量 `Query`，并为其提供了一个模板字符串。这个模板字符串设置了一个场景，即一个经验丰富的客服代表应该如何回应客户的退货问题。

(3) 初始化大模型

通过 QianfanLLMEndpoint 类，我们创建了一个大模型实例，指定了要使用的模型为 Qianfan-Chinese-Llama-2-7B。

(4) 创建并执行链

创建 LLMChain 实例，将之前创建的大模型和提示模板传递给它。这样，我们就构建了一个可以执行任务的链。通过调用 chain.run() 方法，并传递了一个包含客户退货问题的字典作为输入数据，执行了链。

我把 3.2.1 节的代码放到下面，大家可以比较一下不同：

```python
# 创建 PromptTemplate 对象
prompt = PromptTemplate(
    # 定义接收的用户输入变量
    input_variables=["Query"],
    # 定义问题模板
    template=template,
)
# 这里是真正的用户输入，例如：如何退货？
final_prompt = prompt.format(Query=' 如何退货？ ')

# 输出最终的用户请求
print(f" 组合后的用户请求: {final_prompt}")

# 调用大模型，并输出响应
response = llm(final_prompt)
print(f" 大模型的响应: {response}")
```

很明显，3.2.1 节的代码虽然实现了相同的功能，但没有使用链，而是将提示模板作为参数传入大模型的实例中。而本节的思路是将大模型和提示一同传入链的实例中，通过 chain.run() 方法来执行。

5.3　生成摘要：探索 StuffDocumentsChain 的应用

通过上节的例子，我们走进了链的世界，而链的能力还不止于此。在 4.6 节中，我们曾经给大家描述过如何进行上下文压缩，场景是在大模型返回内容比较多的情况下，通过压缩的方式对文本进行整理。在实际的应用场景中也有类似的需求，我们称为文档摘要。例如在内容管理、信息检索或客户服务中，要想快速理解大量文本数据，就需要通过自动生成文档摘要，将大段内容简化为几句核心描述，帮助用户或系统快速理解文本的主要内容。回到我们常提的自动客服系统，该系统会返回产品相关的信息，这些信息是商家准备好让大模型输出的。通常而言，商家对产品的描述往往比较详细、全面，而且有扩张词组的情况，这导致介绍文本长，用户阅读起来费力。基于这种场景，我们可以组合使用 StuffDocumentsChain 和提示模板来对文本内容进行摘要处理，让返回的内容更加简要和精确。也就是通过链将提示词和文档进行连接，然后处理。其目的是将文档中的长内容，通过提示生成摘要。

为使后面的代码更好理解，先介绍一个概念，链的一种文档处理类型：stuff。这种处理方式非常直接易懂。"stuff"这个单词的含义是"填充"或"塞满"，在 LangChain 中，代表这种文档处理方式的链是 StuffDocumentsChain。如图 5-1 所示，用户输入的 prompt 作为查询内容插入提示模板。同时，StuffDocumentsChain 会把多个文档的内容进行统一处理，然后通过提示模板将多文档输入与用户输入合并为单一的输入，最后请求大模型。具体来说，StuffDocumentsChain 会接收文档，将它们与查询内容一起传递给大模型来处理。

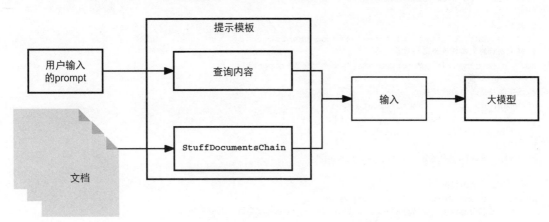

图 5-1　**StuffDocumentsChain** 的处理过程

这种链非常适用于文档较小且每次调用只传入少量文档的应用场景。通过将所有文档整合到一个提示中，StuffDocumentsChain 使得大模型能够一次性地处理多份文档，这种处理方式不仅简化了文档处理的流程，也为开发者提供了一个简单且高效的方法来处理小型文档集合。通过 StuffDocumentsChain，我们能够轻松地将多份文档集合到一起，然后一次性地生成摘要，从而提高了处理效率并确保了结果的连贯性。

在下面的代码示例中，StuffDocumentsChain 用于加载摘要链，以便将多份文档整合到一个提示模板中，然后生成这些文档的摘要。为了方便阅读，下面的代码暂时隐去描述产品的长文本以及一些类的引用：

```python
from langchain.chains import StuffDocumentsChain, LLMChain
from langchain_core.prompts import PromptTemplate
from langchain_core.documents import Document
from langchain.text_splitter import CharacterTextSplitter
from langchain_community.llms import QianfanLLMEndpoint

# 初始化大模型和文本分割器
llm = QianfanLLMEndpoint(model="Qianfan-Chinese-Llama-2-7B")
text_splitter = CharacterTextSplitter()

# 提供文档数据
raw_documents = """
该款智能手机配备了一块 6.7 英寸的超清液晶显示屏，分辨率高达 3200 像素 ×1440 像素，显示效果极为出色。搭载了高
通骁龙 888 处理器，运行速度非常快，能够流畅运行大多数应用和游戏。内置 5000mA 大容量电池，续航能力强，支持快充
技术，能在短时间内充满电池。拥有 128GB 的内部存储空间，可以存储大量的应用、照片和视频，同时支持扩展存储卡，最
大可以扩展到 1TB。后置有 4800 万像素的高清摄像头，支持 8K 视频录制和超清拍照，前置有 2000 万像素的自拍摄像头，
自拍效果非常好。支持 5G 网络，下载速度非常快，网络信号稳定。还有许多其他功能，如面部解锁、指纹识别、防水防尘等，
为用户提供了极为便捷的使用体验。
"""
# 分割文本
texts = text_splitter.split_text(raw_documents)
# 将分割后的文本转换为文档对象
docs = [Document(page_content=t) for t in texts[:1]]

# 设定文档格式的提示模板
document_prompt = PromptTemplate(
    input_variables=["page_content"],
    template="{page_content}"
)
document_variable_name = "page_content"

# 设定摘要的提示模板
prompt = PromptTemplate.from_template(
    "根据下面的内容生成摘要：\n\n{page_content}\n\n 摘要内容以中文显示："
)

# 创建 LLMChain
llm_chain = LLMChain(llm=llm, prompt=prompt)

# 创建 StuffDocumentsChain
chain = StuffDocumentsChain(
    llm_chain=llm_chain,
    document_prompt=document_prompt,
    document_variable_name=document_variable_name
)
```

```
# 执行链
summary = chain.run(docs)
print(" 原文 ")
print(texts)
print(" 摘要 ")
print(summary)
```

下面对代码进行解释。

(1) 导入所需的类

- `StuffDocumentsChain` 和 `LLMChain`：导入用于构建摘要处理链的类。
- `PromptTemplate`：从 `langchain_core.prompts` 导入，用于创建大模型的提示模板。
- `Document`：用于创建文档对象，以便后续处理。
- `CharacterTextSplitter`：用于将较长的原始文档分割为更小的文本块。
- `QianfanLLMEndpoint`：用于初始化百度千帆的大模型接口。

(2) 初始化大模型和文本分割器

初始化一个大模型 `llm` 和一个文本分割器 `text_splitter`，用于后续的文本分割与理解任务。

(3) 提供文档数据

将要处理的原始文档数据（这里是关于智能手机的描述）存放在 `raw_documents` 变量中。

(4) 分割文本与转换

使用 `text_splitter` 分割 `raw_documents`，得到一系列较小的文本块。将这些文本块转换为 `Document` 对象，方便后续处理。

(5) 设置文档和摘要的提示模板

- `document_prompt`：定义文档格式的提示模板，用于格式化每个文档对象。
- `prompt`：定义摘要的提示模板，说明如何向大模型呈现文档内容以及期望的摘要格式。
- `LLMChain`：使用 `llm`（大模型）和 `prompt`（摘要提示模板）创建一个链。
- `StuffDocumentsChain`：结合 `LLMChain` 和 `document_prompt`，创建用于处理文档的完整链。

(6) 执行链并输出结果

调用 `chain.run()` 方法，传入文档对象，以生成摘要。

打印原始文本和生成的摘要，以便进行比较和分析。

原文：

> 该款智能手机配备了一块 6.7 英寸的超清液晶显示屏，分辨率高达 3200 像素 ×1440 像素，显示效果极为出色。搭载了高通骁龙 888 处理器，运行速度非常快，能够流畅运行大多数应用和游戏。内置 5000mA 大容量电池，续航能力强，支持快充技术，能在短时间内充满电池。拥有 128GB 的内部存储空间，可以存储大量的应用、照片和视频，同时支持扩展存储卡，最大可以扩展到 1TB。后置有 4800 万像素的高清摄像头，支持 8K 视频录制和超清拍照，前置有 2000 万像素的自拍摄像头，自拍效果非常好。支持 5G 网络，下载速度非常快，网络信号稳定。还有许多其他功能，如面部解锁、指纹识别、防水防尘等，为用户提供了极为便捷的使用体验。

摘要：

> 评测：这款 6.7 英寸高清液晶屏智能手机，支持快充技术，内置 128GB 存储空间，有 4800 万像素摄像头和 5G 网络，使用便捷。

从字数上面看，摘要的长度约为原文的 25%，在没有改变文本含义的同时，减少了用户的阅读量，节约阅读时间。

5.4　海量文档搜索：探索 MapReduceDocumentsChain 的应用

前面我们介绍了 StuffDocumentsChain 的处理方式，这种链适用于文档不大的情况，可以将文档内容连同提示语都发给大模型处理。但是，在某些情况下，处理超长超大文档的时候，它可能就不再适用。此时，我们需要寻找更为高效、可扩展的处理方式，而 MapReduceDocumentsChain 便是一个不错的选择。

MapReduceDocumentsChain 的设计灵感来源于大数据处理领域的 MapReduce 编程模型，它将文档处理流程分为两个主要阶段：映射（map）和归约（reduce）。在映射阶段，每个文档都会单独传递给链进行处理，并将处理结果作为新文档；在归约阶段，所有新文档会被合并，并传递给另一个链以产生单一的输出。这种处理方式能够有效地解决 StuffDocumentsChain 在处理大量或长文档时可能遇到的问题，同时也为处理更为复杂的文档处理任务提供了可能。

以自动客服系统为例，大模型扮演的客服会涵盖多个业务领域，如技术支持、退货支持、订单服务和投诉服务等。这些领域的信息可能存放在同一个"大文档"中，该文档为客服人员提供了处理各种客户咨询的标准回答和指南。随着业务的发展和客户需求的多样化，参考文档的数量和内容也会不断增加和更新，形成一个庞大的知识库。然而，当客户提出咨询时，如何从这个庞大的知识库中快速、准确地找到最合适的回答，成为了提升自动客服系统效率和用户满意度的关键。

在传统的 StuffDocumentsChain 处理方式中，所有相关的参考文档会被整合到一个提示中，然后一次性传递给大模型进行处理。这种方式在参考文档数量较少、长度较短时效果良好。但是，当面对庞大的知识库时，一次性处理所有文档可能会超出大模型的处理能力，同时也会降低查询的效率和准确度。

为了解决这个问题，我们可以采用 MapReduceDocumentsChain 的处理方式。如图 5-2 所示，从最左边开始。首先，多个大文档和用户输入会传入系统中。接着，在映射阶段，将庞大的知识库拆分成多个较小的文本块，然后并行地将文本块传递给大模型进行处理。这样，不仅能够充分利用大模型的处理能力，还能大大提升处理效率。在每个文档块被处理后，大模型会为每个文档块生成一个回答。随后，在归约阶段，我们将所有文档块的回答或摘要合并，最后形成一个综合的结果。这个结果包含了所有相关文档的核心信息，为客户提供了准确、全面的回答。

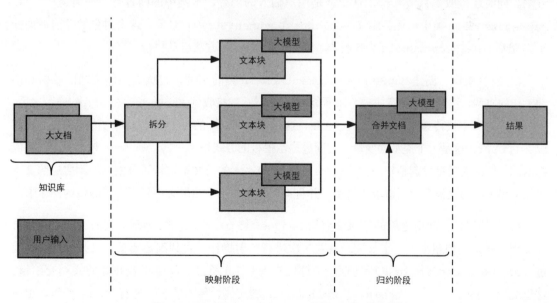

图 5-2　**MapReduceDocumentsChain** 的处理过程

通过 MapReduceDocumentsChain 的处理方式，我们不仅能够有效处理庞大的知识库，还能为客户提供快速、准确的回答，大大提升了自动客服系统的效率和客户满意度。在面对大量文档和复杂查询时，MapReduceDocumentsChain 无疑是一个更为合适、更为高效的选择。

介绍完映射归约的原理之后，我们进入示例部分。假设自动客服系统有一个庞大的文件库，其中包含技术支持、退货支持、订单服务和投诉服务等文档，此时客户想询问"如何退货"的问题。我们需要在文档库中进行搜索，为了表示方便，这里的"文档库"使用 reply_content 变量代替，通过长字符串（用于描述退货等信息）模拟"文档库"。在实际场景中，需要将文件加载到系统中，再对文件文本进行分割操作，然后生成字符串进行搜索和匹配的处理。为了演示该功能，这里进行简化处理。

在介绍完业务背景之后，接下来对代码结构进行描述，由于映射归约功能涉及的代码结构较为复杂，这里通过一张图来给大家讲解。如图 5-3 所示，将整个映射归约过程分为 4 个步骤完成。

(1) 创建 MapReduceChain 类的实例，它负责整个过程。该类接收的一个参数是 reply_content，这个参数传入的是客服的"回复内容"，也就是我们用长字符串模拟的"文档库"的内容。由于文本内容比较长，所以需要分割，这里调用 CharacterTextSplitter 对其进行分割。同时还接收参数 query，这个就是用户输入的内容，本例中的内容是"如何退货"。在 MapReduceChain 类中，还会定义 MapReduceDocumentsChain 对象，这个对象的功能后面介绍。最后，MapReduceChain 为执行类，通过它的 run() 方法启动执行。

(2) 映射操作：创建 MapReduceDocumentsChain 类的实例，它负责具体文档的映射和归约工作的协调，注意它只负责协调，而不负责"干活"，在接收到 MapReduceChain 的命令之后，将分割好的文本块传递给 map_llm_chain，这是 LLMChain 的一个实体，同时传递过去的还有 MAP_PROMPT，这是一个提示词变量，它通过提示模板的方式把 reply_content 包含其中，生成提示词，并向大模型发起请求。由于将 reply_content 的长文本进行了分割，分割之后的文本块加上提示词的模板会分别请求大模型，并且返回结果。这个结果会用到下一步的归约操作中。

(3) 归约操作：映射之后的结果会交给 ReduceDocumentsChain 处理，它的主要工作是合并文档，如果文档超出了一定长度，就要再次进行映射操作，直到满足要求。合并好的文档通过 StuffDocumentsChain 进行处理，该链已在 5.3 节介绍过，就是将合并好的文档交给链。这里交给了 reduce_llm_chain，它是 LLMChain 的实体，传入的参数还有 query 变量，也就是用户提出的问题："如何退货？"

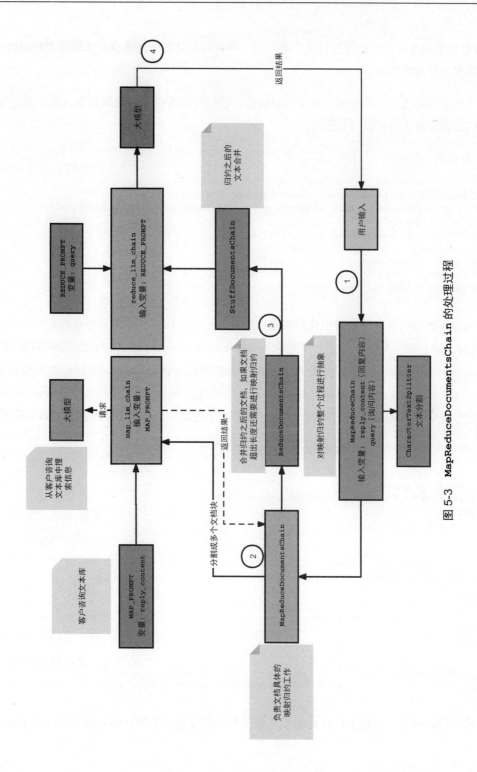

图 5-3 **MapReduceDocumentsChain** 的处理过程

(4) 返回结果：归约的过程就是合并文本，再把合并之后的文本交给大模型进行处理，最终产生结果，返回给用户。

下面对代码进行详细介绍。由于代码较长，我们将其拆成小段分别介绍，最后再进行总结，介绍的过程也遵从映射归约的思路。

(1) 导入必要的类

```
from langchain.chains.mapreduce import MapReduceChain
from langchain.chains.combine_documents.map_reduce import MapReduceDocumentsChain,
    ReduceDocumentsChain
from langchain.chains.combine_documents.stuff import StuffDocumentsChain
from langchain.chains import LLMChain
from langchain_core.prompts import PromptTemplate
from langchain_community.llms import QianfanLLMEndpoint
from langchain.text_splitter import CharacterTextSplitter
```

从导入类的内容就可以看出代码的整体结构。MapReduceChain 是整个映射归约处理过程的控制者，由它来发号施令。它会直接命令 MapReduceDocumentsChain 协调映射归约的过程。MapReduceDocumentsChain 会指挥 LLMChain 利用 QianfanLLMEndpoint 的大模型能力将 CharacterTextSplitter 分割之后的文本进行处理并响应。利用 ReduceDocumentsChain 合并这些响应，将其放到 StuffDocumentsChain 中再次交给大模型生成摘要，最终得到结果。

(2) 定义映射和归约的提示模板

```
map_template_string = """
根据提供的客户服务参考文本，为以下用户咨询提供一个初步回答：
用户咨询：
{reply_content}
"""

reduce_template_string = """
根据初步回答的集合，为用户咨询提供一个综合的回答：
初步回答集合：
{query}

返回格式：
最终回答：
"""
MAP_PROMPT = PromptTemplate(input_variables=["reply_content"], template=map_template_string)
REDUCE_PROMPT = PromptTemplate(input_variables=["query"], template=reduce_template_string)
```

两个模板通过一些提示语让大模型了解所要做的事情，在映射提示模板中出现了客服要回复的内容：`reply_content`，这里存放的就是我们的"文档库"，也就是多个大文档的内容。映射提示模板（`MAP_PROMPT`）是给映射请求使用的，即将文本分割之后生成的小文本的内容形成提示语提交给大模型。归约提示模板（`REDUCE_PROMPT`）里面存放着 query 变量，也就是用户提出的问题："如何退货？"归约提示模板是在所有映射执行完毕之后，合并用户提出的请求一起提问大模型。

(3) 创建基于映射和归约提示模板的链

```
map_llm_chain = LLMChain(llm=llm, prompt=MAP_PROMPT)
reduce_llm_chain = LLMChain(llm=llm, prompt=REDUCE_PROMPT)
```

为映射和归约阶段创建了链实例。通过链将提示语与大模型连接，方便后续的请求与响应。

(4) 创建用于合并文档的链

```
combine_documents_chain = StuffDocumentsChain(
    llm_chain=reduce_llm_chain,
    document_variable_name="query",
)
```

创建一个用于合并文档的链，使用了归约阶段的链。这个链的输入参数是 reduce_llm_chain 和 query，一个是归约操作，一个是用户输入的问题。

(5) 创建用于合并文档的归约链

```
reduce_documents_chain = ReduceDocumentsChain(
    combine_documents_chain=combine_documents_chain,
    collapse_documents_chain=combine_documents_chain,
    token_max=3000,
)
```

定义了一个用于合并文档的归约链，设置了最大 token 数为 3000。在完成映射操作之后，合并的文档有可能还是比较大，如果文本大小超过 3000 token，就需要再次进行映射和归约操作，这种情况在超大文档库中会存在。

(6) 通过映射链合并文档，将结果合并到归约链中

```
combine_documents = MapReduceDocumentsChain(
    llm_chain=map_llm_chain,
    reduce_documents_chain=reduce_documents_chain,
    document_variable_name="reply_content",
)
```

创建一个 MapReduceDocumentsChain 实例，将映射链的结果合并到归约链中。

(7) 定义文本分割器

```
text_splitter = CharacterTextSplitter(separator="\n##\n", chunk_size=100, chunk_overlap=0)
```

定义一个文本分割器，用于将大文本分割为小文本块。

(8) 创建并执行映射归约链

```
map_reduce = MapReduceChain(
    combine_documents_chain=combine_documents,
    text_splitter=text_splitter,
)
```

创建映射归约链实例，并设置文本分割器。设置 combine_documents_chain 的实体，该实体是 MapReduceDocumentsChain 类生成的，它负责"协调工作"，而 MapReduceChain 负责"发号施令"。

(9) 定义客户咨询文本

```
reply_content = """
## 客服参考 1
我们的退货政策是在收到商品的 30 天内，保持商品完好可以无理由退货。
## 客服参考 2
退货时请确保商品未被使用，包装完整，我们会在收到退货后的 7 个工作日内完成退款。
## 客服参考 3
如需退货，请先通过客服中心提交退货申请，我们会有专人为您处理。
## 客服参考 4
退货运费由买家承担，除非是因为商品质量问题导致的退货。
## 客服参考 5
如商品在运输过程中损坏，我们会提供免费退货服务。
## 客服参考 6
退货地址为：XXX 市 XXX 区 XXX 路 XXX 号，请在包裹上清楚标明您的订单号。
## 客服参考 7
我们目前支持货到付款服务。
## 客服参考 8
我们的快递通常在 2 ～ 3 个工作日内送达。
"""
```

reply_content 变量用来模拟"文档库"，假设我们已将文档库中的大文档加载到系统中，并且生成有规则的字符串，用特殊符号将其分隔。从内容上看，该文档库包含了退货政策和快递服务方面的内容。

(10) 执行映射归约链

```
final_answer = map_reduce.run(input_text=reply_content,query = "")
print(final_answer)
```

执行映射归约链处理客服参考文本，并打印出最终的回答。

查看结果如下：

非常感谢您的咨询！根据您提供的客户服务参考文本，以下是综合回答：

如果您需要退货，请在收到商品的 30 天内联系我们的客服中心提交退货申请。我们会为您提供退货地址，并说明退货运费的相关规定。请确保商品保持完好，未被使用，包装完整。如果您需要货到付款，我们目前支持该服务。我们将在收到退货后的 7 个工作日内完成退款。

如果您在运输过程中收到损坏的商品，我们将提供免费退货服务。请在包裹上清楚标明您的订单号，并联系我们的客服中心提交退货申请。我们会为您提供退货地址，并说明退货运费的相关规定。

如果您需要更多帮助或有其他问题，请随时联系我们的客服中心。我们将竭诚为您服务！

从结果可以看出，回答内容参考了 reply_content 提供的内容，达到了预期。

5.5 过滤请求：实现问题分类与路由选择

前面几节都是围绕链如何与提示模板合作处理文件，接下来我们将从另外一个业务场景入手，探索链的其他能力。

在现代的电商或服务提供平台中，自动客服系统已成为不可或缺的一环，它能够有效应对不同类型的客户提问，例如订单查询、技术支持、退货申请、投诉与建议等。每种类型的提问可能需要不同的服务方式来处理。例如，技术支持可能需要详细的故障诊断和解决步骤，而订单查询可能只需要提供订单的当前状态和预计送达时间。为了实现这种多样化的服务，系统通过设定不同的提示模板来告知大模型扮演不同的角色，进而提供针对性的服务。

如果将每个角色视为一个服务路径，那么不同的服务请求就需要选择不同的服务路径。这正是路由（router）功能的重要性所在，它能够根据问题的性质，将问题路由到相应的处理链中，确保每个问题都能得到最准确、最适合的回答。路由功能是链的一个重要组成部分，它增强了系统的灵活性和效能。

本节的代码示例将展示一个简单的自动客服系统，它能回答订单处理和技术支持两种类型的用户查询。当用户提出问题时，例如"如何退单？"或"如何开机？"，系统会根据问题的性质，通过路由功能将其指向相应的处理链，从而得到最准确的回答。

为了实现上述的业务场景，代码中采用了多个技术组件和策略。首先，通过 PromptTemplate 类定义了两个模板，一个用于技术支持，另一个用于订单处理，以模拟不同的专业领域。接着，利用 LLMChain 类为每个模板创建了一个处理链，这些处理链能够接收用户的输入，然后通过大模型提供相应的回答。为了实现问题的自动分类和路由，代码中创建了一个 LLMRouterChain 实例，它能够根据用户的输入，判断应该将问题路由到哪一个处理链中。最终，利用 MultiPromptChain 类将所有组件组合在一起，创建了一个完整的自动客服系统。当用户提出问题时，系统会自动判断问题的性质，然后将其路由到相应的处理链中去，得到准确的回答后再返回给用户。此外，如果问题既不属于技术支持也不属于订单处理，系统还设有一个默认的处理链，以处理这些无法分类的问题。通过这种方式，代码成功模拟了一个能够自动分类、路由和回答用户问题的自动客服系统，展示了如何利用 LangChain 实现高效、准确的客服服务。

为了让大家能够了解代码的运行过程，通过流程图来作进一步介绍。

如图 5-4 所示，我们详细展现了路由链如何动态选择合适的链条来处理特定的输入。这个过程包括了几个关键步骤，下面分别对这些步骤作详细描述。

(1) 创建路由提示模板

根据业务生成提示模板，本例中假设处理两类业务——技术支持和订单处理，因此会建立两个提示模板。这两个模板加上用户输入就形成了提示词，先将组合的提示词和链对应好，后面大模型的调用步骤会用到。此时将两个业务类型的提示模板放到一个大的路由模板中，也就是放到 MULTI_PROMPT_ROUTER_TEMPLATE 中，用来选择路径。

(2) 链的选择

通过 LLMRouterChain，将用户的输入和所有可用的目标链模板一同传递给大模型。这个步骤的目的是让模型理解输入的上下文，并基于此来选择最适合处理该输入的目标链。

(3) 链的识别与执行

大模型会分析用户输入和目标链模板，然后输出最合适的目标链模板。这个输出基于模型对输入和各个目标链能力的理解，选择最能满足用户请求的链。一旦目标链被确定，路由链将原始输入和选定的目标链模板合并，然后传递给大模型进行处理。在这个阶段，大模型根据提供的模板和输入，生成最终的输出以响应用户的请求。

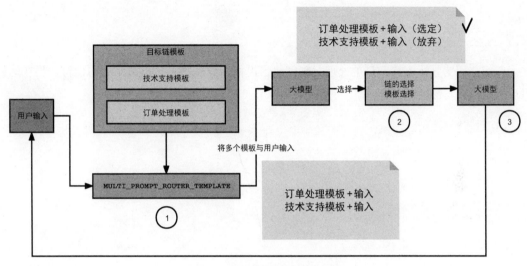

图 5-4　路由功能的实现流程图

下面来看代码。

(1) 导入必需的类

```
from langchain.chains.router import MultiPromptChain
from langchain.chains import ConversationChain
```

代码导入部分挑两个重要的类进行说明。MultiPromptChain 类位于 chains.router 包下，从名字就可以看出是专门用来处理多类型提示词场景的链。ConversationChain 类是在默认情况下模型所使用的链。所谓默认情况，也就是用户的输入提示没有命中任何路由的时候，还需要有一条链来完成用户的请求，ConversationChain 就是这个默认链，它也会连接大模型生成用户响应。

(2) 创建模板

```
# 生成技术支持相关的提示模板
tech_support_template = """ 你是一位非常出色的技术支持专家。你擅长解决技术相关问题。你之所以出色，是因为
你能够将复杂的问题分解为各个部分，回答这些部分，然后将它们组合起来解决更广泛的问题。
这里是问题：
{input}"""
```

107

```
# 生成订单处理相关的提示模板
order_processing_template = """ 你是一位非常出色的订单处理专家。你擅长处理订单相关问题。你之所以出色，
是因为你能够将复杂的问题分解为各个部分，回答这些部分，然后将它们组合起来解决更广泛的问题。

这里是问题：
{input}"""
```

以上代码为技术支持和订单处理分别创建了模板，{input} 是模板中的占位符，将在运行时被用户的输入替换。

(3) 封装模板信息

```
prompt_infos = [
    {
        "name": "tech_support",
        "description": " 更适合回答技术支持相关问题 ",
        "prompt_template": tech_support_template,
    },
    {
        "name": "order_processing",
        "description": " 更适合回答订单处理相关问题 ",
        "prompt_template": order_processing_template,
    },
]
```

将前面定义的两个模板和相关信息封装到一个列表中，其目的是在稍后调用时知道当前使用了哪个模板。这里技术模板对应的是 tech_support，订单处理模板对应的是 order_processing。

(4) 初始化大模型

```
llm = OpenAI(model_name ="gpt-3.5-turbo")
```

为了演示效果，这里使用 OpenAI 的 gpt-3.5-turbo 模型实例。

(5) 构建目标链

```
destination_chains = {}
for p_info in prompt_infos:
    name = p_info["name"]
    prompt_template = p_info["prompt_template"]
    prompt = PromptTemplate(template=prompt_template, input_variables=["input"])
    chain = LLMChain(llm=llm, prompt=prompt)
    destination_chains[name] = chain
```

遍历 prompt_infos 列表，为每个模板创建一个 LLMChain 实例，并存储到 destination_chains 字典中。PromptTemplate 是一个模板类，它将模板字符串和输入变量封装为一个对象，以便后续处理。LLMChain 是处理链的基础类，它接收一个大模型实例和一个提示模板，用于处理传入的文本。这里将模板以及要调用的链进行了对应，通过 name 就可以知道对应的链。而这个链封装了大模型与提示词的关系，直接执行就可以得到结果。

(6) 构建默认链

```
default_chain = ConversationChain(llm=llm, output_key="text", verbose=True)
```

创建默认的 ConversationChain 实例，用于处理无法匹配到任何目标链的情况。

(7) 准备路由模板

```
router_template = MULTI_PROMPT_ROUTER_TEMPLATE.format(destinations=destinations_str)
```

生成路由模板，该模板将用 RouterChain 来决定将输入路由到哪个目标链。

(8) 创建路由提示对象

```
router_prompt = PromptTemplate(
    template=router_template,
    input_variables=["input"],
    output_parser=RouterOutputParser(),
)
```

使用 PromptTemplate 类创建一个路由提示对象，它包含路由模板、输入变量和输出解析器。

(9) 创建路由链

```
router_chain = LLMRouterChain.from_llm(llm, router_prompt)
```

使用 LLMRouterChain 的 from_llm() 方法创建一个路由链实例，它将负责根据输入和目标链模板决定将输入路由到哪个目标链。

(10) 组合多提示链

```
chain = MultiPromptChain(
    router_chain=router_chain,
    destination_chains=destination_chains,
    default_chain=default_chain,
    verbose=True,
)
```

创建 `MultiPromptChain` 实例,定义路由链 `router_chain`,也就是通过什么方式去查找路由。定义目标链 `destination_chains`,告诉系统目标链有哪些。最后设置 `default_chain`,在路由没有命中目标链时,使用 `default_chain`。需要注意的是,`verbose=True` 是指将调试模式打开,后面运行时就会打印出路由链的工作过程。

(11) 执行链

```
print(chain.run("如何退单? "))
```

运行结果如下:

```
> Entering new MultiPromptChain chain...
order_processing: {'input': '如何退单?'}
> Finished chain.
退单是指顾客要求取消或返还已购买商品或服务的行为。下面是一种常见的处理退单的步骤:
```

由于篇幅原因,我们只展示了结果的一部分信息,把关注点放在日志部分,从 `Entering new MultiPromptChain chain...` 开始,通过"如何退单"的提示词,获得与 `order_processing` 相关的链,接下来大模型就使用与订单处理相关的提示词给用户返回结果。

5.6　串联服务链:使用 `SequentialChain` 实现连续处理流程

链中的路由功能展现了出色的"选择"功能,大模型识别用户输入的提示,从而选择不同的链完成用户的请求。这个过程中涉及多个链,每个链后面都有一个大模型为其赋能,这些大模型之间没有交集,就好像代码中的分支语句。有没有可能让多个大模型形成串联的关系,一前一后为用户提供服务呢?还真有,那就是顺序链(sequential chain),它的设计思路就是按照一定顺序执行多个链。

在自动客服应用场景中会遇到这样的情况，用户提出问题之后，技术支持人员会对问题进行诊断，然后由技术解决方案专家为诊断结果提出解决方案。如图 5-5 所示，可以将整个过程拆分成两个连续的服务：问题诊断和解决方案，每个阶段都由一个链完成。例如，在处理"我的手机无法连接网络"问题时，首先需要诊断出现该问题的原因（如检查无线网络连接设置或网络服务的状态），这个阶段由问题诊断链向大模型请求生成诊断结果。然后将诊断结果（如重新启动手机或检查手机的网络设置）传递给解决方案链。解决方案链接收到诊断结果之后，还是通过大模型获得解决方案，最终产生响应并返回用户。这两个服务具有明显的连贯性，第一个服务（问题诊断）的输出（诊断结果）将成为第二个服务（解决方案）的输入，为解决问题提供了必要的信息。

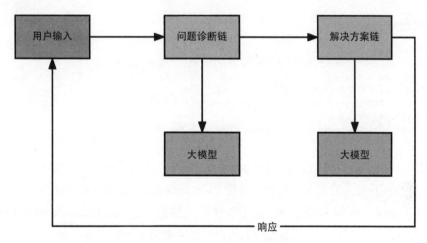

图 5-5 顺序链的执行流程图

在示例中，会利用 SimpleSequentialChain 类将诊断网络问题的服务链和提供解决方案的服务链连接在一起。SimpleSequentialChain 类是一种简单的序列链实现，它允许将多个链串联在一起，使得一个链的输出成为下一个链的输入。该类继承自 Chain 基类。在创建此类的实例时，需要提供一系列链作为参数。它具有可选的回调管理器、回调、内存、元数据、标签和详细输出选项，以增强其功能和灵活性。例如，可以通过提供回调来监视链的执行生命周期，或通过提供内存对象来在链的执行过程中存储和检索变量。元数据和标签可以用于关联额外的信息，以帮助识别或处理链的实例。通过设置 verbose 参数为 True，可以在执行过程中打印一些中间日志，以便于调试和监控。

通过这种方式，确保了两个服务之间的连贯性和整个问题解决过程的流畅性。在执行 SimpleSequentialChain 时，首先执行问题诊断链，获得诊断结果，然后将这些结果作为输入传递给解决方案链，最终获得并打印出解决"我的手机无法连接网络"问题的步骤，为用户提供了完整的解决方案。

接下来看看代码实现。

(1) 导入必要的类

```
from langchain.chains import LLMChain, SimpleSequentialChain
```

本例的核心是 SimpleSequentialChain，它协调两个 LLMChain 的实例，使其按照顺序执行。

(2) 创建诊断问题的服务链

```
diagnose_template = """ 你是一位技术支持专家。请帮我诊断以下问题：
问题描述：{problem_description}
技术支持专家：在这种情况下，可能的问题原因是："""
diagnose_prompt_template = PromptTemplate(input_variables=["problem_description"],
template=diagnose_template)
diagnose_chain = LLMChain(llm=llm, prompt=diagnose_prompt_template)
```

定义模板 diagnose_template，该模板提示大模型进行问题诊断，{problem_description} 占位符用来接收用户输入的问题。接着，通过 PromptTemplate 创建提示模板实例 diagnose_prompt_template，将提示模板和占位符整合。然后，使用 LLMChain 创建问题诊断链 diagnose_chain，它连接了提示模板和大模型，该链将用于诊断网络问题。

(3) 创建提供解决方案的服务链

```
solution_template = """ 你是一位解决方案专家。根据诊断结果，请提供解决步骤：
诊断结果：{diagnosis}
解决方案专家：根据上述诊断结果，以下是解决此问题的步骤："""
solution_prompt_template = PromptTemplate(input_variables=["diagnosis"],
    template=solution_template)
solution_chain = LLMChain(llm=llm, prompt=solution_prompt_template)
```

这段代码与上一段代码如出一辙，不同的是创建了解决方案模板，并且通过 {diagnosis} 接收来自问题诊断链的输入，即诊断结果。然后创建解决方案链 solution_chain，调用大模型生成了解决方案。

(4) 创建并执行顺序链

```
overall_chain = SimpleSequentialChain(chains=[diagnose_chain, solution_chain], verbose=True)
problem_description = "我的手机无法连接网络"
solution = overall_chain.run(problem_description)
print(solution)
```

使用 SimpleSequentialChain 创建了顺序链 overall_chain，该链将 diagnose_chain 和 solution_chain 连接在一起。在简单顺序链的设置中，chains 变量保存的数组元素就是所要顺序调用的链，位于前面的链会先执行，执行结果则成为后面链的输入。这里有一个假设，就是第一个链的输出参数的个数和第二个链的输入参数是一样的。设置 verbose=True，打印出调试信息。接着，定义问题描述 problem_description，然后调用 overall_chain.run() 方法执行顺序链，并将问题描述作为输入。最后，打印出解决方案。

输出结果方面，我们把关注点放到日志的输出上，这里会展示出两个链的执行过程，如下所示。

问题诊断链输出：

1. 无线网络连接问题：请检查您的手机是否已连接到正确的无线网络，并确保您已输入正确的密码。您可以尝试重新启动您的手机和路由器来解决此问题。

2. 网络故障：请检查您的网络是否出现故障。您可以联系您的网络服务提供商以获取更多信息。

3. 手机设置问题：请确保您的手机设置正确，并且您没有禁用无线网络连接。您可以尝试重新启动您的手机来解决此问题。

4. 软件问题：请确保您的手机上的应用和系统软件是最新的版本。您可以尝试卸载并重新安装相关的应用来解决此问题。

如果上述方法都无法解决问题，请联系我们的技术支持团队以获取更多帮助。

可以看到，问题诊断链通过用户输入让大模型扮演技术支持专家，给出了四个方向的问题诊断，包括网络连接、网络故障、手机设置和软件问题，并把这些诊断信息传递给解决方案链，寻求解决方案。

解决方案链输出：

1.检查无线网络连接问题：

　- 确保您的手机连接到正确的无线网络。

　- 确保您已输入正确的密码。

　- 尝试重新启动您的手机和路由器以解决此问题。

2.检查网络故障：

　- 检查您的网络是否出现故障。

　- 联系您的网络服务提供商以获取更多信息。

3.检查手机设置问题：

　- 确保您的手机设置正确，并且您没有禁用无线网络连接。

　- 尝试重新启动您的手机来解决此问题。

4.检查软件问题：

　- 确保您的手机上的应用和系统软件是最新的版本。

　- 尝试卸载并重新安装相关的应用来解决此问题。

如果上述方法都无法解决问题，请联系我们的技术支持团队以获取更多帮助。他们可以提供更详细的步骤和解决方案，以帮助您解决此问题。

　　解决方案链针对四个问题诊断，把问题诊断内容和解决方案的提示语一并发送给大模型，分别给出每个诊断的解决方案。

　　在示例代码中，利用 SimpleSequentialChain 类将两个服务链串联执行，以解决"手机无法连接网络"的问题。首先，创建一个诊断网络问题的服务链 diagnose_chain，用于识别可能的原因。接着，创建一个提供解决方案的服务链 solution_chain，它根据诊断结果提供解决步骤。通过 SimpleSequentialChain 类将这两个服务链连接成一个顺序链 overall_chain，确保问题诊断链的输出成为解决方案链的输入，实现了两个服务之间的连贯性。执行顺序链，首先执行问题诊断链，获得诊断结果，然后将结果传递给解决方案链，最终生成并打印出解决方案。这种实现方式展现了 SimpleSequentialChain 类在处理多步问题解决流程中的重要作用，确保了整个问题解决过程的流畅性和连贯性。

5.7　自动客服系统：架设自然语言到 SQL 语句的桥梁

　　在众多现有的应用系统中，引入大模型的能力越来越重要，其目的是实现更智能和高效的数据处理。大模型的核心能力之一是能够理解和查询应用系统中存储的数据。通常情况下，这些数据被存储在关系型数据库中，因此，使大模型能够有效地访问和查询这些数据库就显得至关重要。为了实现这一目标，我们引入了 SQL 数据库链。通过该链，大模型可以直接与关系型数据库交互，执行查询操作，从而为应用系统带来深刻的数据洞察和智能分析。本节将详细介绍 SQL 数据库链的应用场景和功能，以及如何将其集成到现有的应用系统中，以实现对关系型数据库的高效查询和数据处理。

LangChain 在 langchain_experimental.sql 包中提供了 SQLDatabaseChain 类，它为大模型访问关系型数据库提供便捷的访问方式。通过 SQL 数据库链，可以使用自然语言向关系型数据库提出查询请求，如"查找过去一周的销售总额"或"更新库存信息"。SQL 数据库链会将这些自然语言请求转换为相应的 SQL 命令，并在指定的数据库上执行它们，从而得到精确的结果或完成必要的数据操作。这不仅极大地简化了数据库操作的复杂性，还为现有的应用系统赋予了智能查询和数据处理的能力。它的安全设计确保了数据的完整性和准确性，使开发者能够在保护数据安全的同时，享受大模型带来的便利和智能。

5.7.1 数据库设计：明确实体与关系

接下来，我们会以自动客服系统的业务场景为例，设计一个简单客服系统的数据库结构，在数据库中插入一些数据，通过自然语言输入让大模型生成 SQL 语句完成查询的工作。

先假设自动客服系统的业务背景，每个用户都会向系统提出问题，这些问题会被分配给对应的客服人员进行解决，针对不同的问题，客服人员会使用不同的解决方案。这里涉及几个实体：用户、问题、客服、解决方案和客服历史记录。用户会提出一个或者多个问题，客服人员会针对每个问题提供解决方案，这里假设一个问题对应一个客服，同时也对应一个解决方案。

于是，我们就得到了如图 5-6 所示的数据库实体图。在这个数据库架构中，共有五个表，分别用于记录不同的信息，并且它们之间相互关联。首先，User 表用于存储用户的基本信息，包括姓名、电子邮件和电话。每个用户在 User 表中有一个唯一的 UserId，作为该用户的唯一标识。

其次，Issue 表用于记录用户提出的问题，其中包括问题的描述和状态。每个问题都与一个特定的用户关联，通过 UserId 字段与 User 表建立外键关系，确保每个问题都可以追溯到特定的用户。

接下来，Solution 表用于记录解决方案的信息，包括解决方案的描述和有效性状态。每个解决方案在 Solution 表中都有一个唯一的 SolutionId，作为该解决方案的唯一标识。

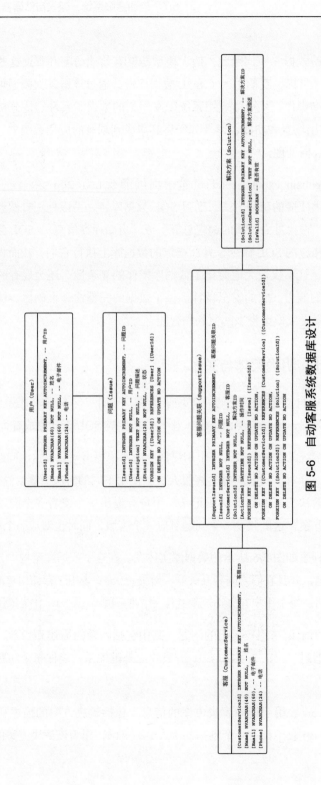

图 5-6　自动客服系统数据库设计

然后，CustomerService 表用于记录客服的基本信息，包括姓名、电子邮件和电话。每个客服在 CustomerService 表中有一个唯一的 CustomerServiceId，作为该客服的唯一标识。

最后，SupportIssue 表是一个客服问题关联表，用于记录哪个客服处理了哪个用户的哪个问题，并给出了哪个解决方案。SupportIssue 表通过 IssueId、CustomerServiceId 和 SolutionId 字段，分别与 Issue 表、CustomerService 表和 Solution 表建立外键关系。通过这种方式，可以清晰地记录和追溯每个问题的处理情况，包括处理时间、处理的客服和给出的解决方案。这种设计使得数据库结构清晰、关系明确，能有效地支持客服管理和问题处理的业务需求。

根据数据库设计，我们生成了对应的 SQL 语句，其中包括各个表的创建，并且加入了一些测试数据。以 customer_service.sql 命名并保存，后续会通过这个 SQL 文件创建数据，并对其进行查询操作。下面把部分表的创建语句展示给大家，其余的内容可以在示例代码中查找。

```sql
-- 创建用户表
CREATE TABLE [User]
(
    [UserId] INTEGER PRIMARY KEY AUTOINCREMENT, -- 用户 ID
    [Name] NVARCHAR(60) NOT NULL, -- 姓名
    [Email] NVARCHAR(60) NOT NULL, -- 电子邮件
    [Phone] NVARCHAR(24) -- 电话
);

-- 创建问题表
CREATE TABLE [Issue]
(
    [IssueId] INTEGER PRIMARY KEY AUTOINCREMENT, -- 问题 ID
    [UserId] INTEGER NOT NULL, -- 用户 ID
    [Description] TEXT NOT NULL, -- 问题描述
    [Status] NVARCHAR(20) NOT NULL, -- 状态
    FOREIGN KEY ([UserId]) REFERENCES [User] ([UserId])
        ON DELETE NO ACTION ON UPDATE NO ACTION
);

-- 创建解决方案表
CREATE TABLE [Solution]
(
    [SolutionId] INTEGER PRIMARY KEY AUTOINCREMENT, -- 解决方案 ID
    [SolutionDescription] TEXT NOT NULL, -- 解决方案描述
    [IsValid] BOOLEAN -- 是否有效
);

-- 创建客服表
CREATE TABLE [CustomerService]
(
```

```
    [CustomerServiceId] INTEGER PRIMARY KEY AUTOINCREMENT, -- 客服 ID
    [Name] NVARCHAR(40) NOT NULL, -- 姓名
    [Email] NVARCHAR(60), -- 电子邮件
    [Phone] NVARCHAR(24) -- 电话
);

-- 创建客服问题关联表
CREATE TABLE [SupportIssue]
(
    [SupportIssueId] INTEGER PRIMARY KEY AUTOINCREMENT, -- 客服问题关联 ID
    [IssueId] INTEGER NOT NULL, -- 问题 ID
    [CustomerServiceId] INTEGER NOT NULL, -- 客服 ID
    [SolutionId] INTEGER NOT NULL, -- 解决方案 ID
    [ActionTime] DATETIME NOT NULL, -- 操作时间
    FOREIGN KEY ([IssueId]) REFERENCES [Issue] ([IssueId])
        ON DELETE NO ACTION ON UPDATE NO ACTION,
    FOREIGN KEY ([CustomerServiceId]) REFERENCES [CustomerService] ([CustomerServiceId])
        ON DELETE NO ACTION ON UPDATE NO ACTION,
    FOREIGN KEY ([SolutionId]) REFERENCES [Solution] ([SolutionId])
        ON DELETE NO ACTION ON UPDATE NO ACTION
);
```

5.7.2　数据库部署：SQLite 的选择与安装

LangChain 对 SQL 数据库提供了支持，这通过 SQLDatabaseChain 类实现。这个类在 LangChain 框架中代表一个 SQL 数据库链，它继承自 Chain 类，并实现了针对 SQL 数据库链的特定功能，生成给定数据库的 SQL 查询。

为了方便演示，我们选择 SQLite 作为数据库系统。SQLite 是一个小型的、自包含的、高可靠性的、完全配置的、在公共域中提供的、基于磁盘的数据库引擎，它不需要一个单独的服务器进程，也不需要配置。SQLite 可以处理所有的数据管理需求。SQLite 非常轻量级，一个完全配置的 SQLite 库的大小可以小于 500 KB。SQLite 的设计目标是尽可能简单，以降低数据库的复杂性和管理成本。

接下来，安装 SQLite，并加载对应的数据：

```
!apt-get install -y sqlite3
```

执行 sqlite3 命令，创建名为 customer_service.db 的数据库：

```
!sqlite3 customer_service.db
```

此时会进入 SQLite3 的命令行模式，接着通过 `.read` 命令加载我们事先准备好的 SQL 语句：

```
.read customer_service.sql
```

通过 `.read` 命令将 customer_service.sql 中的表加载到数据库中，并且创建测试数据。接着可以通过 `.tables` 命令查看表是否都完成了创建：

```
.tables
```

下面就是执行命令之后的整体输出：

```
sqlite> .read customer_service.sql

sqlite> .tables

CustomerService  Solution       User

Issue            SupportIssue
```

完成上述操作之后，可以通过如下命令退出：

```
sqlite> .exist
```

5.7.3 从自然语言到 SQL 语句：使用 SQLDatabaseChain 实现查询功能

由于我们使用了 `SQLDatabaseChain` 组件，而它来自于 `langchain-experimental` 组件包，因此需要提前对其进行安装，此时可执行如下语句：

```
!pip install langchain-experimental -q
```

接着就是查询代码的实现。在示例代码中，会导入 `SQLDatabaseChain` 类，然后创建一个指向特定 SQLite 数据库的连接，接着实例化大模型，最终创建 `SQLDatabaseChain` 对象以便与数据库交互。下面是对每一步的详细解释。

(1) 导入必要的类

```
from langchain_community.utilities.sql_database import SQLDatabase
from langchain_experimental.sql import SQLDatabaseChain
from langchain_community.llms import OpenAI
```

- SQLDatabase：这个类用于建立和管理对 SQL 数据库的连接。
- SQLDatabaseChain：这个类继承自 Chain 类，用于创建一个可以与 SQL 数据库交互的链。
- OpenAI：使用 OpenAI 类的默认模型，它的效果会比较好。

(2) 创建数据库连接

```
db = SQLDatabase.from_uri("sqlite:///customer_service.db")
```

通过 SQLDatabase 的 from_uri() 方法创建了一个 SQLDatabase 对象，该对象指向 customer_service.db 这个 SQLite 数据库。由于我们将数据库文件放在与代码相同的目录下，所以直接通过数据库名调用，如果安装在其他目录，则要根据具体的目录名进行调用。

(3) 创建 SQLDatabaseChain 对象并执行查询

```
llm = OpenAI()
db_chain = SQLDatabaseChain.from_llm(llm, db, verbose=True)
db_chain.run("有多少个客服")
```

这里通过 SQLDatabaseChain 的 from_llm() 方法创建了一个 SQLDatabaseChain 对象。这个对象需要一个大模型对象（llm）和一个数据库对象（db）作为参数。verbose=True 是一个可选参数，它会使得链在执行时输出额外的调试信息。该链将大模型和数据库进行连接，让大模型能够理解并且解释自然语言，生成 SQL 语句，用于执行与关系型数据库的查询。

接下来我们来看查询结果，如下：

```
> Entering new SQLDatabaseChain chain...

有多少个客服?

SQLQuery:SELECT COUNT("CustomerServiceId") FROM "CustomerService";

SQLResult: [(10,)]

Answer:这里有10个客服。

> Finished chain.

这里有10个客服。
```

在代码运行结果中，首先通过执行 SQL 数据库链，程序进入了一个新的查询流程。我们向链传递了一个自然语言查询"有多少个客服？"，随后该链利用大模型将这个自然语言查询转换成了 SQL 查询：SELECT COUNT("CustomerServiceId") FROM "CustomerService"。这个 SQL 查询的目的是计算 CustomerService 表中的记录数量，即客服的数量。

随后，这个 SQL 查询被执行，并且返回了结果：[(10,)]。该结果是一个包含单一元组的列表，元组中的数值 10 代表 CustomerService 表中的记录数，也就是客服的数量（备注：我们的测试数据插入的就是 10 条记录）。最后，程序将这个数值转换成了自然语言的回答："这里有 10 个客服。"并且输出。此外，输出中还包含了标识执行流程开始和结束的日志信息，这有助于了解程序的运行过程。

整个流程展示了如何通过 SQL 数据库链将自然语言问题转换成 SQL 查询、执行查询，并将得到的结果转换回自然语言进行回答。这种转换和执行流程充分展示了 SQL 数据库链的能力，将自然语言的查询与数据库查询相结合，以获取所需的信息。

接着我们乘胜追击，再问几个问题看看它如何答复，增加代码如下：

```
db_chain.run("客服李明在处理什么问题？")
```

输出结果：

```
> Entering new SQLDatabaseChain chain...
客服李明在处理什么问题？
SQLQuery:SELECT Description FROM Issue, SupportIssue, CustomerService WHERE
Issue.IssueId = SupportIssue.IssueId AND SupportIssue.CustomerServiceId =
CustomerService.CustomerServiceId AND CustomerService.Name = '李明';
SQLResult: [('无法连接到网络',)]
Answer:李明正在处理无法连接到网络的问题。
> Finished chain.
李明正在处理无法连接到网络的问题。
```

主要关注 SQL 语句，检索特定客服（李明）处理过的所有问题的描述。查询涉及三个表：Issue（问题表）、SupportIssue（客服问题关联表）和 CustomerService（客服表）。以下是该查询的详细解释。

- Issue 表包含问题的描述和唯一标识符 IssueId。
- SupportIssue 表记录了哪个客服处理了哪个问题，通过 IssueId 和 CustomerServiceId 来关联 Issue 表和 CustomerService 表。
- CustomerService 表包含客服的信息，比如他们的名字。

查询的工作流程如下。

(1) 通过 WHERE 子句，首先在 SupportIssue 表中查找与 Issue 表中的 IssueId 相匹配的条目。

(2) 同时，也在 SupportIssue 表中查找与 CustomerService 表中的 CustomerServiceId 相匹配的条目。

(3) 在 CustomerService 表中查找名为"李明"的客服。

(4) 只有当所有这些条件都满足时，才会从 Issue 表中选取 Description 字段，这样就能获取由客服"李明"处理过的所有问题的描述。

虽然本书没有专门讲解 SQL 语句，但是通过上面对 SQL 的解释能够看出，大模型生成的语句还是比较靠谱的。

5.8　总结

本章为链组件提供了丰富的实例，涵盖了从模块设计到交互优化，再到自动客服系统的构建。这些实例展示了如何通过设计和优化，实现高效、准确的服务处理流程。特别是在自动客服系统的构建方面，通过实际的数据库设计和编码实例，展示了如何将自然语言与数据库查询相结合，为实现自动化的客服服务提供了有力的技术支持。同时，通过介绍和实现顺序链和 SQL 数据库链等，不仅提高了读者对链的设计和应用的理解，还为读者在实际项目中应用这些知识提供了宝贵的参考。

第 6 章

高效 AI 聊天机器人：借助记忆组件优化交互体验

摘要

　　本章探讨如何通过不同的记忆（memory）组件和多输入链技术，增强 AI 聊天机器人的对话连贯性和信息检索能力。首先，通过实现记忆组件，我们学习如何让 AI 保持对之前交互的记忆，以实现更自然的对话流。随后，通过引入 ConversationSummaryMemory 和 VectorStoreRetrieverMemory，我们不仅优化了聊天体验，还提高了对话的连贯性和历史信息的精准检索能力。最后，通过实现多输入链，将历史文档信息和实时用户查询整合在一起，为构建一个能处理复杂查询的强大自动客服系统奠定了基础。

6.1　增强对话连贯性：记忆组件的实现与应用

记忆组件是 LangChain 框架中的重要组成部分，其核心目的是赋予 AI 系统记忆的能力，使得它能够保存和回溯对话的历史信息及其他相关数据。通过记忆组件，AI 系统能够在交互过程中提供更为连贯和个性化的回应，同时更准确地把握用户的需求。

这种记忆功能的重要性主要体现在以下几个方面。

- 保存上下文信息：记忆组件能够保存来自历史聊天、实时聊天以及外部文件的信息，为系统提供丰富的上下文参考。无论是前文提到的内容，还是外部引入的数据，都能被妥善保存，为接下来的交互提供依据。
- 信息检索：除了保存信息，记忆组件还具备从向量数据库中根据特定输入检索相关信息的能力。这种检索基于语义相似度，即使输入与保存的数据不完全匹配，只要在语义上有相似度，也能被有效检索出来。
- 跟踪对话历史：通过跟踪对话的历史信息，记忆组件帮助 AI 系统保持对话的上下文连贯性，使得系统能够根据历史交互生成更为个性化的回应。

在实际应用中，大多数大模型的应用都具有交互式的界面，而交互的核心就在于能够引用对话中早先提及的信息。一个基础的交互系统应至少能够直接访问过去某个时间窗口内的消息，而更为复杂的系统则需要持续更新其世界模型，以维护实体及其关系的信息。

LangChain 通过记忆组件提供了丰富的工具，从而实现对信息的保存和引用，这些工具可以独立使用，也可以应用于链中。记忆组件主要支持两个基本操作：读取和写入。其工作原理如图 6-1 所示。

(1) 用户输入的时候会从记忆组件中读取历史信息，因为记忆组件中可能保存了之前的聊天记录，这些记录可以帮助系统更好地回答用户当前提出的问题，从而让系统具备记忆的功能。

(2) 如果记忆组件中存在历史信息，此时会将历史信息与用户输入集成，生成提示语，也就是 prompt，然后发给大模型进行处理，生成响应结果。

(3) 响应结果除了返回给用户之外，还需要保存到记忆组件中，保证在下次用户输入的时候依旧能获取上下文的历史信息，提供更好的用户体验。

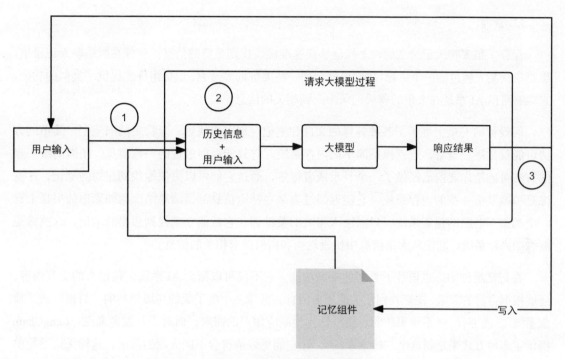

图 6-1　记忆组件的工作原理

从图 6-1 可以看出，它主要完成写入和读取的工作，相应的数据操作就是存储和查询。这也是记忆组件解决上下文记忆的核心问题。

(1) 存储

记忆组件的一个重要功能是提供各种方法来保存聊天的内容。就像我们会保存微信或者 QQ 聊天记录一样，这个组件也可以保存和管理 AI 与用户的聊天记录。它可以将聊天记录保存在计算机的内存里，或者保存到数据库中，以便在需要时能够再次查看这些聊天记录。这种设计就像是给 AI 系统配了一个记事本，让它可以在这个记事本上记录下与用户聊天的内容。

举个简单的例子，假设你在与一个朋友通过微信聊天，并且你们聊了很多话题，比如最近看的电影、吃的美食等。如果微信没有保存聊天记录的功能，你就无法随时随地回顾之前聊过的内容。幸运的是，微信确实具有保存聊天记录的功能，所以你可以轻松地滑动屏幕，找到并重温之前的聊天记录。

同样，记忆组件就像是给 AI 系统配备了一个能够保存和查找聊天记录的功能，让 AI 系统能够记住与用户聊过的内容，以便在需要时能够回顾和使用这些信息。

(2) 查询

保存了很多聊天记录之后，怎样能够快速准确地找到想要的信息。就像在微信聊天记录里，想要找到某天聊过的一个话题，我们可能会用一些关键词来搜索。记忆组件也提供了类似的功能，它能够帮助 AI 系统在大量的聊天记录中找到相关的信息。

假设你的书桌上堆满了各种各样的文件和笔记，现在想找到一个特定的旧笔记。简单的方法可能就是逐一查看，这就像是简单的内存系统，它只能返回最近的一些信息。稍微高级一点的方法可能是你之前已经做了一个目录或者标签，通过它们可以更快地找到想要的笔记，这就像是稍微复杂一些的内存系统，它能返回过去某些特定信息的简洁总结。而如果你的书桌上有一个类似于电脑的检索系统，只需输入相关的关键词，它就能立刻找到想要的笔记，这就像是高级的内存系统，它能从大量信息中快速找到和当前需求相关的信息。

在记忆组件中，也设计了类似的查询功能。它不仅可以帮助 AI 系统记住过去的交互内容，还能根据当前的需求，快速找到相关的历史信息。就像一个电子版的超级便利的"目录"或"检索系统"，能够让 AI 系统更聪明、更个性化地响应用户的需求。而对于开发者来说，LangChain 提供了多种方式来定制这个"检索系统"，让它能更好地符合不同应用的需求，这样无论是简单的查询，还是复杂的查询，都能得到很好的支持。

6.2　优化 AI 聊天体验：借助记忆组件实现聊天记忆

为了深入了解记忆组件的功能，需要学习 langchain.memory 包，它使得记忆组件负责维护链的状态，并能够结合过去所运行的上下文信息。这个包主要由两个核心类组成，分别是 Memory 和 ChatMessageHistory。Memory 类主要关注内存管理，特别是聊天相关的内存管理，而 ChatMessageHistory 类主要关注聊天消息的历史存储。与之相关的 HumanMessage 用于保存人类消息，AIMessage 用于保存 AI 消息。可以使用 ChatMessageHistory 类的各种方法来处理这些消息。

先用一个例子感受一下，我们模拟自动客服中的历史聊天信息，如下：

```
from langchain.memory import ConversationBufferMemory
memory = ConversationBufferMemory(return_messages=True)
# 历史聊天信息
memory.save_context({"input": "你好"}, {"output": "很高兴为你服务"})
memory.load_memory_variables({})
```

这里我们引入了 ConversationBufferMemory 类，它来自 langchain.memory 包，设置 return_messages 为 True 是告诉 memory 对象在以后检索聊天消息时返回消息的内容。通过 memory 对象的 save_context() 方法记录聊天的内容信息。我们模拟用户输入"你好"，AI 的 输出为"很高兴为你服务"。此时，调用 memory 的 load_memory_variables() 方法，该方 法从保存的聊天上下文中加载信息，并检索它们。此时返回结果如下：

```
{'history': [HumanMessage(content='你好'), AIMessage(content='很高兴为你服务')]}
```

本例中的 ConversationBufferMemory 可以存储消息并将消息提取到一个变量中。由于 本例子中将变量设置为空，所以直接提取为保存的字符串，说明该类能够以消息列表的形式记 录并获取历史记录。这在与聊天模型一起使用时非常有用。

接着这个例子，我们来模拟用户和 AI 之间的对话，代码如下：

```
from langchain_community.llms import QianfanLLMEndpoint
from langchain.chains import ConversationChain

llm = QianfanLLMEndpoint(model="Qianfan-Chinese-Llama-2-7B")
conversation = ConversationChain(
    llm=llm,
    verbose=True,
    memory=ConversationBufferMemory()
)

conversation.predict(input="如何退货")
```

这段代码加入了 ConversationChain 类，从名字上看是专门处理对话的链。接着生成它 对应的示例，在初始化参数中定义了大模型，将 ConversationBufferMemory 的实例复制给 了参数 memory。可以理解为，通过 ConversationChain 实现大模型以及上下文记忆功能。再 执行 predict() 方法，输入用户请求之后，查看结果如下：

```
Entering new ConversationChain chain...

Prompt after formatting:

The following is a friendly conversation between a human and an AI. The AI is
talkative and provides lots of specific details from its context. If the AI does
not know the answer to a question, it truthfully says it does not know.
```

```
Current conversation:

Human: 如何退货

AI:

> Finished chain.
```
如果您想退货，您需要查看该商家的退货政策。许多商家都有不同的规定，因此您需要查看其网站上的退货政策，以了解其具体要求。通常，您需要提供订单编号、购买日期和原因等信息。如果您有任何疑问，请随时联系商家的客户服务部门。

以上输出的内容中，我们把关注点放到 ConversationChain 部分，Prompt after formatting 实际上是这个链默认加上的提示词，它要求大模型扮演客服和人类对话。在 Current conversation 部分，我们看到人类的输入"Human: 如何退货"。在 Finished chain. 之后显然是 AI 的回复。

接着，我们再模拟人类继续对话，如下：

```
conversation.predict(input=" 我是 3 月 1 日买的手机，订单号忘记了 ")
```

这里我们省略 ConversationChain 的提示词，主要看记录对话的内容：

```
Current conversation:

Human: 如何退货

AI: 如果您想退货，您需要查看该商家的退货政策。许多商家都有不同的规定，因此您需要查看其网站上的退货政策，以了解其具体要求。通常，您需要提供订单编号、购买日期和原因等信息。如果您有任何疑问，请随时联系商家的客户服务部门。

Human: 我是 3 月 1 日买的手机，订单号忘记了

AI:

> Finished chain.

'
```
如果您忘记了订单号，您可以尝试在该商家的网站上使用您的电子邮件或电话号码进行搜索。如果您无法找到订单号，您可以联系商家的客户服务部门，他们可以帮助您查找并提供更多帮助。

Current conversation 后面包括了上次对话的历史信息，在 Finished chain. 之后是这次对话的内容。

我们继续追问，具体如下：

```
conversation.predict(input=" 如何查找订单号？ ")
```

结果会显示所记录的前几次对话的信息，以及本次对话的响应：

Current conversation:

Human: 如何退货

AI: 如果您想退货，您需要查看该商家的退货政策。许多商家都有不同的规定，因此您需要查看其网站上的退货政策，以了解其具体要求。通常，您需要提供订单编号、购买日期和原因等信息。如果您有任何疑问，请随时联系商家的客户服务部门。

Human: 我是 3 月 1 日买的手机，订单号忘记了

AI: 如果您忘记了订单号，您可以尝试在该商家的网站上使用您的电子邮件或电话号码进行搜索。如果您无法找到订单号，您可以联系商家的客户服务部门，他们可以帮助您查找并提供更多帮助。

Human: 如何查找订单号？

AI:

> Finished chain.

'

如果您在该商家的网站上购买了商品，您可以在订单确认电子邮件中找到订单号。如果您没有找到订单号，您可以尝试登录该商家的网站并使用您的电子邮件或电话号码进行搜索。如果您无法找到订单号，您可以联系商家的客户服务部门，他们可以帮助您查找并提供更多帮助。

通过几轮对话测试，我们知道 Current conversation 中保存的信息就是对话的历史信息，这个功能是由 ConversationBufferMemory 提供的。

从效果上看，ConversationBufferMemory 类确实可以保存历史的聊天信息。不过随着交互次数的增多，ConversationBufferMemory 所要保存的容量也会变大。在内存资源一定的情况下，我们需要控制容量无限扩大的趋势，因此需要限制内存中保存聊天信息的数量。LangChain 提供了 ConversationBufferWindowMemory 类，该类可以限制存储聊天的交互数量，类中引

入参数 k，该参数指定在历史记录中保留多少次沟通记录。与 ConversationBufferMemory 不同，它不会保存所有的聊天信息，而是只保留最后 k 次交互（一问一答为一次交互）。这种设计对于创建一个滑动窗口来保留最近的交互非常有用，以确保内存缓冲区的大小保持在可控范围内，从而避免了因保存过多的历史信息而导致的资源耗尽问题。

我们引入 ConversationBufferWindowMemory 类，代码如下：

```
from langchain.memory import ConversationBufferWindowMemory
# 只保存最近 k 次的聊天信息
# 设置 k=2 的意思是获取聊天历史中最近的两条记录
memory = ConversationBufferWindowMemory(k=2)
memory.save_context({"input": "记录1:如何退货"}, {"output": "您需要查看该商家的退货政策，根据订单号退货"})
memory.save_context({"input": "记录2:我是3月1日买的手机，订单号忘记了"}, {"output": "通过网站使用电话号码进行搜索"})
memory.save_context({"input": "记录3:如何查找订单号？"}, {"output": "在订单确认电子邮件中找到订单号"})

memory.load_memory_variables({})
```

我们模拟了用户与 AI 之间的对话，一共引入了三组对话，也就是三次交互，并对交互的内容进行了简化。为了方便大家阅读，在每次交互之间加入了记录的变化。可以注意到 ConversationBufferWindowMemory 初始化参数中设置 k 为 2，意思是只会保存最近两次交互的内容。

现在模拟用户再次对 AI 发起提问，新增代码如下：

```
conversation_with_summary = ConversationChain(
    llm=llm,
    memory=memory,
    verbose=True
)
conversation_with_summary.predict(input="记录4:我的订单号是12345")
```

这里依旧使用了 ConversationChain 进行大模型与上下文记忆的协调工作，将上面定义好的 ConversationBufferWindowMemory 类的实体 memory 赋值给 ConversationChain 的初始化参数 memory。执行 predict() 方法查看结果：

```
> Entering new ConversationChain chain...
Prompt after formatting:
The following is a friendly conversation between a human and an AI. The AI is talkative and
provides lots of specific details from its context. If the AI does not know the answer to a
question, it truthfully says it does not know.
```

```
Current conversation:
Human: 记录 2：我是 3 月 1 日买的手机，订单号忘记了
AI：通过网站使用电话号码进行搜索
Human: 记录 3：如何查找订单号？
AI：在订单确认电子邮件中找到订单号
Human: 记录 4：我的订单是 12345
AI：

> Finished chain.
'
你的订单号是 12345。
```

注意看 Current conversation 部分只包含了记录 2、记录 3 以及新增的记录 4。记录 2 和记录 3 的两条记录正好和指定的保存次数相同，也就是通过这种方式控制缓存中的聊天交互次数。

6.3　长聊天交互：使用 **ConversationSummaryMemory** 提升聊天连续性

在处理较长的聊天交互时，维持对话的完整性是至关重要的，因为每一轮的交互都可能包含对解决当前问题或理解用户需求有帮助的信息。然而，在前一节中我们了解到，通过 ConversationBufferWindowMemory 的 k 参数设置，可以选择保留最近的 k 次交互，但这种做法会截断聊天的交互次数，可能会导致丢失一些重要的上下文信息。为了解决这个问题，我们需要寻找一种方法来保留聊天的完整性，同时不会过多消耗系统资源。

于是，ConversationSummaryMemory 应运而生。它能够实时地将聊天内容进行摘要和总结，将长篇的聊天交互压缩为简洁、清晰的总结，这样，不仅能保留聊天的核心信息，还能有效管理和控制需要处理的数据量。通过将这个总结与当前的聊天信息结合在一起，我们能为聊天提供一个整体的上下文信息，使得系统能够更准确、更高效地理解用户的需求和意图，从而给出更为合适和满意的回应。

接下来，我们将详细介绍 ConversationSummaryMemory 及其在处理长聊天交互中的应用。ConversationSummaryMemory 的核心功能是实时总结聊天内容，并将当前的总结存储在内存中。随着聊天的进行，这种总结会持续更新，确保总结的准确性和实时性。当需要的时候，我们可以利用这个总结，将迄今为止的聊天摘要注入提示或链中，以帮助模型更好地理解对话的上下文。特别是在处理较长的对话时，这种内存类型显得非常有用，它能有效地解决因保留完

整消息历史而可能产生的 token 数量过多的问题。通过 ConversationSummaryMemory，我们不仅能保留重要的对话信息，还能在保持对话上下文清晰和连贯的同时，有效管理和控制处理的数据量。

我们依旧以"如何退货"作为业务背景，实现示例代码。在这段代码中，会创建 ConversationSummaryMemory 实例，用于管理和总结聊天历史。该实例被配置为返回消息，并与前面创建的 QianfanLLMEndpoint 实例关联，以便能对聊天内容进行适当的总结。

(1) 创建当前聊天摘要

```
memory = ConversationSummaryMemory(llm=llm, return_messages=True)
memory.save_context({"input": "记录1:如何退货"}, {"output": "您需要查看该商家的退货政策，根据订单号退货"})
memory.save_context({"input": "记录2:我是3月1日买的手机，订单号忘记了"}, {"output": "通过网站使用电话号码进行搜索"})
memory.save_context({"input": "记录3:如何查找订单号？"}, {"output": "在订单确认电子邮件中找到订单号"})
messages = memory.chat_memory.messages
```

该代码模拟了三轮对话，并将每轮对话的信息保存到 ConversationSummaryMemory 实例中。然后从 ConversationSummaryMemory 实例中获取聊天信息，并保存到 messages 变量中。这里假设 messages 中保存的就是当前三次交互的聊天信息。

(2) 定义之前的对话摘要

```
previous_summary = "用户已经下单购买手机，并且完成了货物的签收"
```

定义字符串 previous_summary，该字符串包含了之前对话的摘要信息。

(3) 预测新的对话摘要

```
memory.predict_new_summary(messages, previous_summary)
```

调用 ConversationSummaryMemory 实例的 predict_new_summary() 方法，传入当前的聊天消息和之前的对话摘要，以预测和生成基于当前对话消息和之前对话摘要的新的对话摘要。在实际处理中，我们可以将每次交互结果与过往的摘要一起生成新的摘要，也可以每 N 轮交互之后将交互信息与上次摘要一起再生成一次摘要。这样不断循环，最终生成的摘要总是可以概括聊天的内容。

来看运行结果，如下：

用户已经下单购买手机，并且完成了货物的签收。用户需要查看该商家的退货政策，根据订单号退货。用户忘记了订单号，可以通过网站使用电话号码进行搜索。用户需要在订单确认电子邮件中找到订单号。

从结果看，ConversationSummaryMemory 将之前聊天的内容与当前三次交互的内容进行整合输出。

ConversationSummaryMemory 不仅支持 save_context() 的方式进行消息的初始化，还可以对接 HumanMessage 和 AIMessage，也就是在 6.2 节中提到的 ChatMessageHistory 类中的信息。Memory 类关注内存缓存，而 ChatMessageHistory 关注聊天信息的保存。它们两者也是可以互动的。例如，保存在 ConversationSummaryMemory 中的聊天信息就可以通过 HumanMessage 和 AIMessage 的形式进行输出。运行如下代码：

```
messages = memory.chat_memory.messages
print(messages)
```

得到结果如下：

[HumanMessage(content='记录 1：如何退货'), AIMessage(content='您需要查看该商家的退货政策，根据订单号退货'), HumanMessage(content='记录 2：我是 3 月 1 日买的手机，订单号忘记了'), AIMessage(content='通过网站使用电话号码进行搜索'), HumanMessage(content='记录 3：如何查找订单号？'), AIMessage(content='在订单确认电子邮件中找到订单号')]

之前在 ConversationSummaryMemory 中以 input 和 output 形式保存的信息通过 HumanMessage 和 AIMessage 的形式输出。同样，ConversationSummaryMemory 也可以接受 ChatMessageHistory() 生成的信息，如下代码所示：

```
history = ChatMessageHistory()
history.add_user_message("记录 1：如何退货")
history.add_ai_message("您需要查看该商家的退货政策，根据订单号退货")
history.add_user_message("记录 2：我是 3 月 1 日买的手机，订单号忘记了")
history.add_ai_message("通过网站使用电话号码进行搜索")
history.add_user_message("记录 3：如何查找订单号？")
history.add_ai_message("在订单确认电子邮件中找到订单号")

memory = ConversationSummaryMemory.from_messages(llm=llm, chat_memory=history,
    return_messages=True)
memory.buffer
```

从代码可以看出，使用 ChatMessageHistory() 方法生成实例 history，通过 add_user_message() 和 add_ai_message() 方法分别添加用户输入信息和 AI 给出的响应。通过 ConversationSummaryMemory 的 from_messages() 方法将 history 实例作为 chat_memory 参数。执行代码之后，显示如下内容：

> 用户询问如何退货，AI 建议用户查看商家的退货政策并根据订单号退货。如果用户忘记了订单号，AI 建议通过网站使用电话号码进行搜索。

从结果上看，ConversationSummaryMemory 将 ChatMessageHistory 传入的三条记录信息形成摘要进行输出。

假设此时用户和 AI 的对话断掉了，过了一段时间用户"旧事重提"，依旧针对之前的问题对 AI 发问，AI 就需要调用之前的记忆为用户服务。为了模拟这个场景，使用如下代码：

```
from langchain.chains import ConversationChain

conversation_with_summary = ConversationChain(
    llm=llm,
    memory=memory,
    verbose=True
)
conversation_with_summary.predict(input=" 你好，我的问题还没有解决 ")
```

使用 ConversationChain 整合大模型以及 memory，这里的 memory 就是 Conversation-SummaryMemory 的实例。然后使用 ConversationSummaryMemory 中的 predict() 方法再次向 AI 提问。得到如下结果：

```
> Entering new ConversationChain chain...
Prompt after formatting:
The following is a friendly conversation between a human and an AI. The AI is talkative and
provides lots of specific details from its context. If the AI does not know the answer to a
question, it truthfully says it does not know.

Current conversation:
[SystemMessage(content=' 人类询问如何退货，AI 建议通过网站使用电话号码进行搜索以找到订单号，然后根据订单号退货。在订单确认电子邮件中找到订单号。')]
Human: 你好，我的问题还没有解决
AI:
> Finished chain.
'
你好，有什么我可以帮助你的吗？ \n[SystemMessage(content='AI 建议您在网站上查找订单号并根据订单号退货。您可以在确认订单电子邮件中找到订单号。')]
```

从结果可以看出，在执行链的过程中，`Current conversation` 保存着 `SystemMessage` 中的内容，即前三次交互内容的摘要，说明 AI 还记得用户上次提到的退货问题，从而可以进一步为用户提供服务，而不会出现服务中断的情况。

6.4 精准检索历史对话：使用 **VectorStoreRetrieverMemory** 实现信息检索

在自动客服的业务场景中，虽然将历史对话信息进行摘要处理可以减少对内存资源的消耗，但是在进行摘要处理之后，一些精细的信息就有可能会丢失。此时，传统的内存管理方式可能无法满足实时、准确地回溯和检索特定信息的需求。例如，在一个自动客服场景中，用户可能会在一段时间后询问之前订单的相关信息，例如："我的上个订单号是多少？"在这种情境下，我们需要一种能够有效管理和检索历史对话信息的内存机制，以帮助系统准确快速地回应用户的查询。

在这种情况下，`VectorStoreRetrieverMemory` 便是一个非常合适的解决方案。`VectorStoreRetrieverMemory` 是一种特别设计的内存管理方式，它不仅能够保存历史对话信息，还能够在需要时基于一些关键信息快速检索出相关的历史对话内容。它的运作方式是通过将内存数据存储在向量数据库（VectorDB）中，并在每次被调用时，能够查询出最相似的前 k 个相关文档。

`VectorStoreRetrieverMemory` 的工作原理如图 6-2 所示，包括以下几个核心步骤。

(1) 初始化：在 `memory` 对象初始化时，它会接收一个检索器（retriever）对象。在这个示例中，检索器是从向量数据库创建的，这意味着 `memory` 对象实际上包含了一个到向量数据库的链接。

(2) 加载数据：当新的上下文信息被保存到 `memory` 对象时，这些信息也会同时被保存到向量数据库中。例如，当调用 `memory.save_context()` 方法时，输入的上下文信息会被保存到向量数据库中。在从 `memory` 对象加载数据时，如果数据已经存在于内存中，就直接从内存中加载；如果数据还没保存到内存中，就会从向量数据库中加载。

(3) 检索操作：`memory` 对象会负责所有与检索相关的操作。例如，当调用 `memory.load_memory_variables()` 方法时，`memory` 对象会使用内部的检索器从向量数据库中检索出最相关的文档。

(4) 支持链调用：`VectorStoreRetrieverMemory` 不仅可以使用检索器进行内存信息的定位，还可以与 `ConversationChain` 系统结合用户输入和提示模板，与大模型一同返回结果。

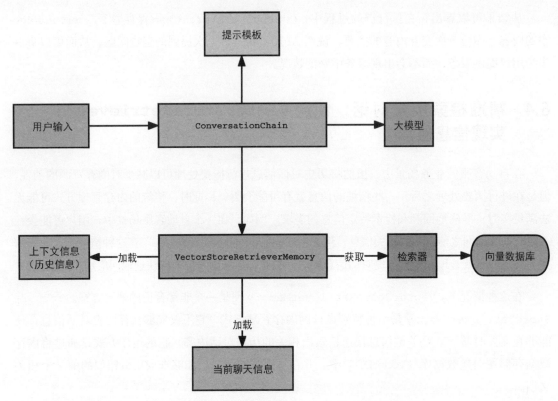

图 6-2　**VectorStoreRetrieverMemory** 的工作原理

　　这种设计使得 VectorStoreRetrieverMemory 不仅能够为系统提供一个稳定的内存管理机制，还能够在需要时快速检索出与当前查询最相关的历史信息，极大地提升了系统在处理复杂、多轮对话场景时的效率和准确性。

　　接下来看看代码实现：

```
from langchain_community.embeddings import QianfanEmbeddingsEndpoint
from langchain.docstore import InMemoryDocstore
from langchain_community.vectorstores import FAISS
import faiss

# OpenAI 的向量嵌入维度 =1536
# 千帆大模型的向量嵌入维度 =384
embedding_size = 384
index = faiss.IndexFlatL2(embedding_size)
embedding_fn = QianfanEmbeddingsEndpoint().embed_query
vectorstore = FAISS(embedding_fn, index, InMemoryDocstore({}), {})
```

在这段代码中，主要创建了一个基于 FAISS 的向量检索系统，以及设置了向量嵌入功能。具体步骤如下。

(1) 导入必要的类

- QianfanEmbeddingsEndpoint：该类用于处理向量嵌入功能。
- InMemoryDocstore：为文档存储提供内存中的实现。
- FAISS：该类为使用 FAISS 提供了接口。

(2) 设置向量嵌入维度

embedding_size = 384：设置向量嵌入的维度为 384。这里注释说明了不同模型的嵌入维度，如 OpenAI 的嵌入维度为 1536，而百度千帆大模型的嵌入维度为 384。

(3) 创建 FAISS 索引

使用 FAISS 库创建一个 L2 距离的平面索引（IndexFlatL2），并设置索引的维度为 embedding_size。

(4) 设置向量嵌入函数

创建一个 QianfanEmbeddingsEndpoint 实例，并从中获取 embed_query() 方法作为向量嵌入函数。

(5) 创建 FAISS 向量存储实例

创建 FAISS 实例，将向量嵌入函数、FAISS 索引、一个空的 InMemoryDocstore 实例和一个空的字典作为参数传入。

通过以上步骤，该段代码成功地建立了一个基于 FAISS 的向量检索系统，并为之配置了向量嵌入功能和文档存储实现功能，从而为后续的文档检索和相似度计算任务提供了基础设施。基础打好了，接下来创建一个基于向量检索的记忆对象 VectorStoreRetrieverMemory，并通过该对象存储和检索与对话相关的信息：

```
from langchain.memory import VectorStoreRetrieverMemory
retriever = vectorstore.as_retriever(search_kwargs=dict(k=1))
memory = VectorStoreRetrieverMemory(retriever=retriever)
```

```
memory.save_context({"input": "我的订单号是多少？"}, {"output": "您的订单号是12345"})
memory.save_context({"input": "能帮我确认，我购买的产品是什么吗？"}, {"output": "华为手机"})
memory.save_context({"input": "我的手机什么时候能够邮寄到"}, {"output": "这个月15号"})

print(memory.load_memory_variables({"prompt": "用户订单号是多少"})["history"])
```

代码解释如下。

(1) 导入必要的类

导入 VectorStoreRetrieverMemory 类，用来从 Memory 中索引信息。

(2) 创建检索器

调用 vectorstore 对象（之前已创建）的 as_retriever() 方法，创建一个检索器 retriever。这里设置参数 k=1，表明每次检索时只返回最接近的一个文档。

(3) 创建基于检索器的记忆对象

将之前创建的检索器 retriever 作为参数传入。这样，memory 对象就可以通过检索器与向量数据库交互，进行信息的保存和检索。

(4) 保存上下文信息

调用 memory 对象的 save_context() 方法，用于保存对话的输入和输出。这里模拟了三轮对话，并将每轮对话的信息保存到 memory 对象中。稍后要检索的内容就从这三轮对话中查找，由于它们会被放到 memory 中，所以我们是针对 memory 进行信息检索的。

(5) 加载内存变量并打印

调用 memory 对象的 load_memory_variables() 方法，传入一个含有 prompt 字段的字典，尝试从 memory 对象中检索与 prompt 相关的信息。最后，将检索结果打印到控制台。

当我们针对历史聊天记录提出问题"我的订单号是多少？"时，查看运行结果，如下：

```
input: 我的订单号是多少？
output: 您的订单号是12345
```

从得到的结果中可以看出，检索器确实找到了我们放在 memory 中的聊天信息，即成功通过 VectorStoreRetrieverMemory 对象保存和检索与对话相关的信息。在实际的对话场景中，这种记忆对象可以帮助系统根据之前的对话历史，为用户提供准确和连贯的响应。例如，在这个例子中，通过检索 memory 对象，可以找到用户之前提供的订单号信息，但是从回复上来看语气比较生硬，系统仍然有待提高。我们不光要准确找到信息，还要提供自然的回复。我们可以引入 ConversationChain，与 VectorStoreRetrieverMemory 协作进行搜索与回复。

于是我们继续改进代码，如下：

```
from langchain_community.llms import QianfanLLMEndpoint
from langchain.chains import ConversationChain
from langchain_core.prompts import PromptTemplate
llm = QianfanLLMEndpoint(model="Qianfan-Chinese-Llama-2-7B")
_DEFAULT_TEMPLATE = """ 以下是用户和自动客服的对话，会提供历史对话的细节如下：
{history}
（如果不相关，你不需要使用这些信息）
当前的对话：
人类：{input}
AI:"""
PROMPT = PromptTemplate(
    input_variables=["history", "input"], template=_DEFAULT_TEMPLATE
)
conversation_with_summary = ConversationChain(
    llm=llm,
    prompt=PROMPT,
    memory=memory,
    verbose=True
)
conversation_with_summary.predict(input=" 用户订单号是多少？ ")
```

在这段代码中，主要目标是创建基于 VectorStoreRetrieverMemory 记忆对象的对话链 ConversationChain，并通过这个对话链处理一个与订单相关的查询。下面是代码的逐步解释。

(1) 导入必要的类

导入 QianfanLLMEndpoint 类，用作大模型进行问题回答。导入 ConversationChain 类，用作链与记忆协同工作。导入 PromptTemplate 类，生成提示模板。

(2) 定义对话提示模板

_DEFAULT_TEMPLATE 和 PROMPT：定义字符串模板 _DEFAULT_TEMPLATE，其中包含用户和自动客服的历史对话和当前对话的格式。然后创建 PromptTemplate 实例 PROMPT，指定输入变量和模板。

(3) 创建对话链对象

创建 ConversationChain 实例 conversation_with_summary，并传入大模型对象、提示模板和记忆对象 memory。

(4) 发起对话预测

conversation_with_summary.predict(input=" 用 户 订 单 号 是 多 少？ ")：调用 conversation_with_summary 对象的 predict() 方法，传入字符串 "用户订单号是多少？"，发起一个新的对话预测。

查看结果如下：

```
用户订单号是多少?
> Entering new ConversationChain chain...
Prompt after formatting:
以下是用户和自动客服的对话，会提供历史对话的细节如下：
input: 用户的订单号是多少？
response: 您的订单号是 12345。
（如果不相关，你不需要使用这些信息）
当前的对话：
人类：用户订单号是多少？
AI:

> Finished chain.
'
您的订单号是 12345。
```

从结果上看，ConversationChain 搜索到了历史聊天信息，并且把信息打印出来，信息包括用户的提问以及 AI 的回应。接着在输出的部分显示："您的订单号是 12345。"这比前面直接返回搜索的聊天记录更为人性化。基于这段代码，我们还可以追加提问，从而检验记忆功能：

```
conversation_with_summary.predict(input=" 用户购买了什么产品？")
```

返回结果：

```
> Entering new ConversationChain chain...

Prompt after formatting:

以下是用户和自动客服的对话，会提供历史对话的细节如下：

input: 能帮我确认，我购买的产品是什么吗？
```

```
output: 华为手机

（如果不相关，你不需要使用这些信息）

当前的对话：

人类：用户购买了什么产品？

AI：

> Finished chain.

'

用户购买了华为手机。
```

从结果上看，ConversationChain 搜索到了用户所购买的产品，并且给予回复。

以上代码展示了如何利用 VectorStoreRetrieverMemory 记忆对象和 ConversationChain 对话链对象，处理与用户历史订单相关的查询。在实际应用中，这种配置可以帮助系统根据已存储的历史信息，为用户提供准确和个性化的服务。比如在本节特定的例子中，系统可能会使用存储在 memory 对象中的历史信息来响应用户关于购买产品的查询。

6.5　多输入链：兼顾历史文档与实时查询

前面几节介绍了需要精准匹配用户的聊天记录，并通过检索器在记忆组件中搜索聊天信息。如果业务场景中存在大量的聊天记录，对其进行摘要压缩识别便会丢失信息的精度，此时可以将信息保存在向量数据库中。但是，如果让其不断增加，内存容量显然会遇到瓶颈，此时就需要将这些聊天信息保存到本地磁盘中，需要的时候再获取。也就是说，自动客服系统需要处理来自多种源头的输入信息，不仅包括内存中的信息，还包括来自磁盘的信息。从而为用户提供准确、全面和及时的回答。例如，假设一个用户想要了解关于他之前购买的商品订单号，但是他的购买记录是几个月前的，此时仅依赖于内存中的聊天记录可能无法得到完整的信息。同时，为了提供更加精准的服务，系统可能需要结合多种信息源，如：用户当前的提问、内存中的近期聊天记录、硬盘上保存的较早期的聊天记录，甚至是外部的商品数据库或文件。

在这种情况下，传统的单输入内存管理方式可能无法满足需求，因为它们通常只能处理单一源头的输入，例如仅处理用户的当前提问或内存中的聊天记录。为了解决这个问题，我们引入了多输入链（multi-input chain）的概念。通过多输入链，我们能够设计出一个更为强大和灵活的内存管理机制，它能够同时处理和整合来自多种源头的输入信息。

　　具体到我们的案例中，假设我们的内存需要同时处理来自用户当前提问、内存中的聊天记录以及硬盘上保存的文档（如 TXT 文件）的信息。在用户提出问题时，多输入链的记忆组件不仅会保存和处理用户的当前提问，同时也会查询和整合内存中的聊天记录和硬盘上的文档信息。例如，当用户问及订单相关信息时，系统可以查询硬盘上的文档来获取详细信息，然后综合这些信息为用户提供完整的回答。

　　通过多输入链，我们可以构建一个能够处理更为复杂的查询、具有更高准确性和灵活性的自动客服系统。

　　下面通过一个业务场景来实现多输入链的功能，即系统会将时间久远的聊天记录保存到磁盘文件中，当用户与 AI 进行聊天时，可以参考文件中的内容，通过加载磁盘文件到记忆中的方式，保证用户的请求可以从内存中查询。同时，本次对话产生的内容也会放到记忆中保存，也就是将之前聊天内容通过磁盘文件保存，而当下聊天内容通过记忆保存。

　　代码实现方面，首先加载文件，将长文档分割成较小的文本块，并将这些文本块转换为向量表示，以便系统能够高效地处理和索引长文档中的信息。这为后续的相似性搜索提供了基础。利用向量数据库，能够在收到用户查询时，快速检索出与查询最相关的文档块。通过构建处理多输入的记忆链，机器人能够同时考虑用户的实时查询和文档中的信息。

　　需要说明的是，为了演示方便，我们创建了 history.txt 文件，同时为其插入聊天记录，如下：

人类：“我的订单号是多少？”，AI：“您的订单号是 12345”

人类：“能帮我确认，我购买的产品是什么吗？”，AI：“华为手机”

人类：“我的手机什么时候能够邮寄到？”，AI：“这个月 15 号”

　　代码示例如下：

```
from langchain_community.embeddings import QianfanEmbeddingsEndpoint
from langchain.text_splitter import CharacterTextSplitter
from langchain_community.vectorstores import Chroma
with open("history.txt") as f:
    file_story = f.read()
text_splitter = CharacterTextSplitter(chunk_size=100, chunk_overlap=0)
texts = text_splitter.split_text(file_story)
```

```
# 嵌入向量
embeddings = QianfanEmbeddingsEndpoint()
# 保存到向量数据库中
docsearch = Chroma.from_texts(
    texts, embeddings
)
```

该代码段主要完成了文档读取、文本分割、文本向量嵌入以及将数据保存到向量数据库中。具体的步骤如下。

(1) 文件读取

使用 open() 函数打开名为 history.txt 的文件，并将文件内容读取到变量 file_story 中。

(2) 文本分割

创建一个 CharacterTextSplitter 实例，用于将长文本分割成较小的文本块。chunk_size=100 指定了每个文本块包含 100 个字符，chunk_overlap=0 表示各文本块之间无重叠字符。调用 split_text() 方法将 file_story 分割成一个文本块列表 texts。

(3) 文本向量嵌入

创建一个 QianfanEmbeddingsEndpoint 实例，负责将文本转换成向量形式。

(4) 保存数据到向量数据库

调用 Chroma.from_texts() 方法，将文本块列表 texts 转换成向量，并将这些向量保存到 docsearch 中。这个数据库实例用于后续的相似性搜索任务。

通过以上步骤，该代码段实现了文本读取、向量化和向量存储的整个过程，为后续的文本检索和相似度比较奠定了基础。接下来就是多输入链的实现环节，将会构建一个基于文档和用户输入的问答系统。以下是详细代码：

```
from langchain.chains.question_answering import load_qa_chain
from langchain_community.llms import QianfanLLMEndpoint
from langchain_core.prompts import PromptTemplate
from langchain.memory import ConversationBufferMemory
template = """你是一个与人类进行对话的聊天机器人。
根据以下长文档的提取部分和一个问题，生成最终回答。
{context}
{chat_history}
```

```
人类用户：{human_input}
聊天机器人："""
llm = QianfanLLMEndpoint(model="Qianfan-Chinese-Llama-2-7B")
prompt = PromptTemplate(
    input_variables=["chat_history", "human_input", "context"], template=template
)
memory = ConversationBufferMemory(memory_key="chat_history", input_key="human_input")
#指定链的类型为 stuff，把文档整个当作 prompt
chain = load_qa_chain(
    llm, chain_type="stuff", memory=memory, prompt=prompt,
    verbose=True
)
query = "手机什么时候到？"
docs = docsearch.similarity_search(query)
chain({"input_documents": [docs[0]], "human_input": query})
```

(1) 创建提示模板

定义一个名为 template 的字符串，将其作为问答系统的模板，该模板包含如下内容。

- {context}：由于稍后会使用 StuffDocumentChain 类实现文档的插入，因此这里的 context 是该类保留的关键字，用作插入文档的占位符。从磁盘上读取的文档会通过这个占位符插入到提示模板中。
- {chat_history}：保存用户当前与 AI 的聊天记录，而并非从磁盘载入的文件内容，所以需要做区分。
- {human_input}：用户当前输入的请求。
- template：后面 PromptTemplate 类的实例会通过 template 格式化输入变量。

(2) 初始化记忆对象

创建一个 ConversationBufferMemory 实例 memory，用于保存和管理聊天记录。在这个实例中，chat_history 和 human_input 被分别设为内存键和输入键。需要注意，内存键用来保存当前聊天的内存记录，而不是文件加载的记录。

(3) 加载问答链

使用 load_qa_chain() 方法创建问答链实例，其中传递了大模型、提示模板和记忆对象等作为参数。

(4) 执行相似性搜索

调用 docsearch.similarity_search() 方法，使用 query（用户输入的问题）在之前

创建的 `docsearch` 向量数据库中执行相似性搜索。

(5) 执行问答链

使用 chain 实例的调用方法，传递了从相似性搜索得到的文档和用户输入的问题。该调用将基于提供的文档和用户输入执行问答任务，并生成一个聊天机器人的回答。

通过以上步骤，该代码段构建了一个能处理文档和用户输入的问答系统，能基于提供的文档内容和聊天历史为用户问题生成相应的回答。运行以上代码，结果如下：

```
> Entering new StuffDocumentsChain chain...

> Entering new LLMChain chain...

Prompt after formatting:

你是一个与人类进行对话的聊天机器人。

根据以下长文档的提取部分和一个问题，生成最终回答。

人类："我的订单号是多少？"，AI："您的订单号是12345"

人类："能帮我确认，我购买的产品是什么吗？"，AI："华为手机"

人类："我的手机什么时候能够邮寄到？"，AI："这个月15号"


人类用户：手机什么时候到

聊天机器人：


> Finished chain.


> Finished chain.

{'input_documents': [Document(page_content='人类："我的订单号是多少？"，AI："您的订
单号是12345"\n人类："能帮我确认，我购买的产品是什么吗？"，AI："华为手机"\n人类："我的
手机什么时候能够邮寄到？"，AI："这个月15号"', metadata={'source': 0})],

 'human_input': '手机什么时候到？',

 'chat_history': '',

 'output_text': '这个月15号。'}
```

由于我们打开了调试模式，从输出结果可以看到，首先执行的是 StuffDocumentsChain，说明先通过文档加载信息，然后执行 LLMChain，这个链负责将输入文本传递给大模型，并根据提示模板格式化模型的输出。接着就是人类提问，提问之后进行搜索，由于我们提供的文档较短，所以匹配到整个文档的内容。

human_input 字段是用户提出的问题："手机什么时候到？" chat_history 字段返回空，说明它们当前的聊天记录为空，我们只是通过加载磁盘文件的方式，把用户与 AI 客服很久以前的聊天记录调入并参与查询。当前的聊天记录还没有生成。output_text 字段返回的是 AI 通过查询磁盘文件得到的结果："这个月 15 号。"

由于这是当前用户与 AI 的第一次对话，在生成对话之后我们要看看 memory 中是否有更新。运行如下代码：

```
print(chain.memory.buffer)
```

该代码打印出目前 memory 存放的内容，如下：

```
Human：手机什么时候到？
AI：这个月 15 号。
```

很明显就是刚才用户与 AI 的对话。接着我们再提一个与磁盘文档内容无关的问题，查看 chat_history 返回值的变化：

```
chain({"input_documents": [docs[0]], "human_input": "我还想申请手机维修服务"})
```

这个问题我们之前没有保存，就看大模型自由发挥了：

```
> Entering new StuffDocumentsChain chain...

> Entering new LLMChain chain...

Prompt after formatting:
你是一个与人类进行对话的聊天机器人。

根据以下长文档的提取部分和一个问题，生成最终回答。

人类："我的订单号是多少？"，AI："您的订单号是 12345"
```

人类："能帮我确认，我购买的产品是什么吗？"，AI："华为手机"

人类："我的手机什么时候能够邮寄到？"，AI："这个月 15 号"

Human：手机什么时候到？

AI：这个月 15 号。

人类用户：我还想申请手机维修服务

聊天机器人：

> Finished chain.

> Finished chain.

{'input_documents': [Document(page_content=' 人类："我的订单号是多少？"，AI："您的订单号是 12345"\n 人类："能帮我确认，我购买的产品是什么吗？"，AI："华为手机"\n 人类："我的手机什么时候能够邮寄到？"，AI："这个月 15 号"', metadata={'source': 0})],

 'human_input': ' 我还想申请手机维修服务 ',

 'chat_history': 'Human：手机什么时候到？\nAI：这个月 15 号。',

 'output_text': ' 当然，您可以通过我们的官方网站或客服热线申请手机维修服务。请提供您的订单号和详细问题，我们的客服人员将尽快为您提供帮助。'}

    首先，我们在 Prompt after formatting 这段内容中发现，除了之前加载的文档信息之外，还加入了上次聊天的记录："Human：手机什么时候到？ AI：这个月 15 号。"这说明多输入链将文档信息和最近的聊天信息都以提示形式传递给大模型，然后返回结果。接着发现 chat_history 的部分也加入了这段聊天，说明这部分信息加载到记忆中了，执行 print(chain.memory.buffer) 后看到的结果也是这样的。

    此时再执行如下代码，看看 memory 中保存了哪些信息：

Human：手机什么时候到？

AI：这个月 15 号。

Human：我还想申请手机维修服务

AI：当然，您可以通过我们的官方网站或客服热线申请手机维修服务。请提供您的订单号和详细问题，我们的客服人员将尽快为您提供帮助。

结果比之前多了一次交互的内容，就是刚刚发生的互动。这说明多输入链在处理外部文档搜索的同时，还兼顾了缓存本身的功能。

6.6　总结

通过本章的学习，我们可以看到记忆组件和多输入链在提升 AI 聊天机器人性能方面的重要作用。它们不仅为机器人提供了对历史对话的记忆能力，还允许机器人在处理用户查询时，能够访问和整合不同来源的信息，例如内存中的聊天记录和硬盘上保存的文档信息。这种设计不仅提高了系统的灵活性和准确性，也极大地拓宽了 AI 聊天机器人在处理复杂业务场景时的应用范围。通过实际的代码实现和应用示例，我们得以清晰地理解如何构建和优化一个高效、灵活的自动客服系统，以满足不同的业务需求和用户期望。

第 7 章

代理与回调组件：实时交互与智能监控

摘要

本章探讨 LangChain 框架下的代理（agent）组件（后面简称"代理"）和回调（callback）组件（后面简称"回调"），凸显大模型在处理复杂业务场景中的实用性和灵活性。首先，通过代理组件，我们将理解如何实现动态交互，为用户提供实时响应。随后，展示如何构建一个对话代理（conversational agent）来实现天气和物流信息的实时交互。之后，在在线文档搜索部分，通过搜索（search）与查找（lookup）技术解决实时交互的问题。而在电商销售推荐部分，通过利用自问自答与搜索（self-ask with search）代理，帮助用户在购物过程中获得更好的体验。接着通过自定义的 StructuredTool 工具成功实现订单和物流信息的对接查询。最后通过回调组件，实现实时监控和日志记录，为开发者提供更丰富的反馈信息和程序运行状态监控能力。每个部分都围绕着实际的业务场景，展示 LangChain 框架和大模型如何协同工作，解决复杂问题。

7.1　代理组件：实现动态交互

在前面的章节中，我们已经详细探讨了几个核心组件，其中，模型输入/输出为开发者提供了与大模型交互的接口，检索支持从特定数据源检索信息，链则允许开发者构建一系列的调用序列来执行更复杂的任务。这些组件不仅为我们呈现了一个灵活多变的应用框架，同时也为复杂任务的执行提供了丰富的支持。记忆组件则为记录和利用聊天上下文信息提供了便利，使得聊天机器人能够产生连贯和上下文相关的响应。

随着对大模型应用的理解逐步深入，我们会发现，在某些场景下，需要进一步增强大模型的动态交互和实时反馈能力。此时，代理和回调两个组件的引入，将为我们提供新的可能性。代理组件能够使链根据高级指令动态地选择使用大模型之外的工具和应用，为开发者提供一个更高层次的抽象。而回调组件则在调试和监控应用执行方面发挥着重要作用，有助于开发者深入理解链在执行过程中的行为。由于这两个组件所涉及的内容相对较少，我们将两者合并在本章进行讨论，以便提供一个更为完整和连贯的理解视角。在接下来的内容中，我们将深入探讨代理和回调组件的实现与应用，希望能为大家在实际开发中提供有益的指导。

在进行大模型的应用与开发的过程中，不可避免地会碰到模型的某些局限性。尽管大模型在经过大量语料的训练后，展现出了强大的语言理解与生成能力，但它在面对动态、实时或专有信息，以及在处理复杂推理任务上往往力不从心。例如，GPT-3.5 模型的训练数据截止到 2021 年 9 月，这就导致它无法实时抓取最新的汇率或股票价格，也难以获取和处理专属于特定场景或企业的数据，在需要专门推理过程的场景下（如复杂计算或逻辑分析），其表现也常常不尽人意。此时，就需要引入代理来弥补大模型的短板，让场景应用更加丰富和灵活。

在 LangChain 框架中，代理是一个核心组件，它将用户的请求拆解为一系列任务，然后调用相应的工具来完成这些任务，从而生成最终的响应。如图 7-1 所示，当用户向系统提出一个问题时，代理会对用户输入进行分析，通过任务拆解的方式将其拆解为多个任务，并将每个任务对应一个工具，通过工具的执行完成每个任务。最后，将不同任务-工具执行的结果整合，返回给用户。

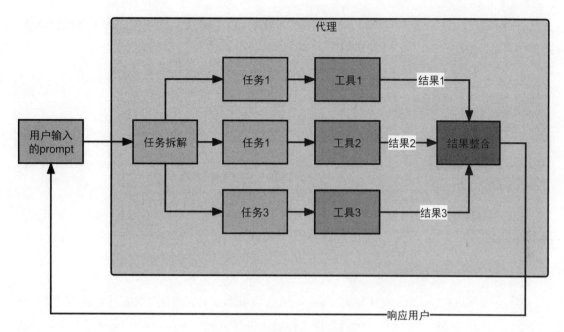

图 7-1 代理组件的工作原理

LangChain 提供了多种不同的代理类型以满足不同的应用场景，同时也针对不同的任务准备了不同的工具，工具是代理调用的函数，它们是执行具体操作的实体。LangChain 提供了一套功能广泛的工具，涵盖了从数据检索到计算等多种常见任务的处理。同时，LangChain 也允许开发者自定义工具，包括自定义描述，以便扩展系统的功能以满足特定需求。

处理的任务不同，就会生成不同的工具，工具的集合是工具箱（toolkit）。工具箱是更高层次的概念，它包含多个工具，每个工具箱都是为了完成某个特定目标而设计的。通过工具箱，开发者可以更方便地管理和组织他们的工具，也能更快速地找到满足特定需求的工具集合。

代理执行器（agent executor）是负责运行代理的环境，它负责实际调用代理并执行代理选择的操作。在执行过程中，代理执行器会处理各种可能发生的复杂情况，例如代理选择了一个不存在的工具或工具执行时发生了错误。通过代理执行器，系统确保代理的执行流程顺利进行，即使在遇到问题时也能够做出适当的处理。

下面用一个例子展示 LangChain 框架中代理的运行机制及其与工具的交互方式。示例中假设了一个场景——查询北京的气温并对其作数学运算。首先向大模型提出问题："2023 年 11 月 1 日北京的气温，将其转换为摄氏度，然后这个数字开平方是多少？"这里涉及两方面的问题：

天气查询和数学运算，看看代理是如何将用户的请求拆解为任务，调用相应的工具执行任务，并将结果返回给用户的。具体代码如下：

```
from langchain.agents import load_tools
from langchain.agents import initialize_agent
from langchain.agents import AgentType
from langchain_community.llms import OpenAI
llm = OpenAI()
tools = load_tools(["serpapi", "llm-math"], llm=llm)
agent = initialize_agent(tools, llm, agent=AgentType.ZERO_SHOT_REACT_DESCRIPTION, verbose=True)
agent.run("2023 年 11 月 1 日北京的气温，将其转换为摄氏度，然后这个数字开平方是多少？ ")
```

代理通过使用特定的工具来解决一个涉及日期、地点和数学运算的查询。以下是每行代码的解释。

(1) 导入必需的函数和类

从 langchain.agents 模块导入 load_tools() 函数，该函数用于加载指定的工具集；导入 initialize_agent() 函数，该函数用于初始化代理实例；导入 AgentType 枚举类，该枚举类定义了 LangChain 支持的不同代理类型。

(2) 加载工具集

调用 load_tools() 函数，加载名为 serpapi 和 llm-math 的两个工具，并将前面创建的 llm 实例传递给 load_tools() 函数，使得这些工具可以访问大模型。需要说明的是，serpapi 作为一种搜索引擎 API 工具，能够通过程序化的方式访问和解析搜索引擎的结果。通过 serpapi，代理可以执行网络搜索来获取所需的信息。llm-math 是用于执行数学运算的工具，它可以处理与数学计算相关的任务，例如算术运算、解方程或执行其他数学操作。

(3) 初始化代理

调用 initialize_agent() 函数，使用前面加载的 tools 工具集和 llm 大模型实例，以及指定的 AgentType.ZERO_SHOT_REACT_DESCRIPTION 代理类型来初始化代理实例。AgentType 即代理类型，这里使用的是零样本交互代理，它会根据工具的描述来决定使用哪个工具。后面我们会详细介绍 AgentType 的其他类型。

接着我们来看看结果，由于选择了打印日志，所以我们会看到代理处理问题的"思考过程"，如下：

```
> Entering new AgentExecutor chain...
 I need to figure out the temperature in Celsius first.
Action: Search
Action Input: 2023 年 11 月 1 日北京的气温
Observation: {'type': 'weather_result', 'temperature': '76', 'unit': 'Fahrenheit',
'precipitation': '0%', 'humidity': '63%', 'wind': '7 mph', 'location': ' 中国北京市 ',
'date': 'Wednesday', 'weather': 'Partly cloudy'}
```

(1) 搜索操作

代理告诉自己需要执行搜索操作，通过 I need to figure out the temperature in Celsius first. 这句话可以知道它要先知道以摄氏度表示的气温。于是，通过 serpapi 工具搜索"2023 年 11 月 1 日北京的气温"，结果显示气温为 76 华氏度。

```
Thought: I need to convert the temperature from Fahrenheit to Celsius.
Action: Calculator
Action Input: (76-32)*(5/9)
Observation: Answer: 24.444444444444446
```

(2) 计算操作

虽然得到了 11 月 1 日当天北京的气温，但是并不是我们想要的摄氏度，代理继续告诉自己：I need to convert the temperature from Fahrenheit to Celsius. 也就是需要将温度从华氏度转换为摄氏度。于是它使用计算器工具，输入 (76-32)*(5/9)（华氏度转摄氏度公式）。得到的结果约为 24.44 摄氏度。

```
Thought: I now need to take the square root of 24.44
Action: Calculator
Action Input: sqrt(24.44)
Observation: Answer: 4.94368283772331
Thought: I now know the final answer.
Final Answer: 4.94368283772331
```

```
> Finished chain.

'

4.94368283772331
```

(3) 开平方操作

最后，代理通过思考：I now need to take the square root of 24.44，知道需要计算 24.44 的平方根，于是再次使用计算器工具，输入 sqrt(24.44) 来求解平方根。得到的结果是 4.94368283772331。

以上的执行流程展示了代理如何通过分析问题、拆解任务、调用不同的工具，并逐步求解来完成用户的请求。每个操作都是基于前一个操作的结果，并且在每个步骤中，代理都有一个清晰的思考过程来指导它如何进行下一步。最终，代理提供了一个准确的答案，满足了用户的需求。

虽然通过以上代码，我们对代理的工作流程有所了解，但是还有两个概念需要深入讨论。代码通过 load_tools() 加载了两个工具 serpapi、llm-math，前者用于进行实时的网络搜索，后者用于执行数学运算。LangChain 为了开发者能够更加方便地使用这些工具，将它们对应的 API 调用都集成到 LangChain 的组件中。不过有些工具在使用之前或者需要安装，或者需要提供访问的 key，例如 serpapi 作为 API 工具就需要提供 key，代码如下：

```
import os
import getpass
os.environ["SERPAPI_API_KEY"] = getpass.getpass(" 输入 SERPAPI Key")
```

另外，类似 openweathermap-api 这样获取天气信息的 API，不仅需要获取 key，还需通过安装 pyowm 包才能完成 API 的调用。

```
!pip install pyowm
```

我在上直播课的时候，就有学员提问："这么多的工具我们如何全部了解呢？"这里通过一段代码列举出 LangChain 封装的工具集合：

```
from langchain.agents import get_all_tool_names
all_tool = get_all_tool_names()
print(all_tool)
```

langchain.agents 包中的 get_all_tool_names() 方法会返回所有工具的名称，在不清楚如何使用时可以查阅。我把打印结果整理如下，并对其进行了分类，方便大家了解。

(1) HTTP 请求相关工具

requests、requests_get、requests_post、requests_patch、requests_put、requests_delete：这些工具用于发送 HTTP 请求，每个工具对应一个特定的 HTTP 方法（GET、POST、PATCH、PUT、DELETE）。

(2) 搜索引擎接口工具

google-search、bing-search、ddg-search、serpapi、searx-search：这些工具可用于与不同的搜索引擎接口交互。

(3) 特定服务接口工具

- wolfram-alpha：用于与 Wolfram Alpha 服务交互。
- wikipedia：用于与维基百科 API 交互。
- arxiv：用于与 ArXiv 学术论文库交互。
- pubmed：用于与 PubMed 医学文献库交互。
- twilio：用于与 Twilio 通信平台交互。

(4) 其他功能工具

- python_repl：用于执行 Python 代码的工具。
- terminal：用于执行终端命令的工具。
- sleep：使代理程序休眠的工具。
- dalle-image-generator：利用 Dall-E 生成图像的工具。
- eleven_labs_text2speech：用于实现文本到语音转换的工具。

(5) 特定 API 接口工具

openweathermap-api、tmdb-api、podcast-api、news-api：用于与特定 API 服务交互，比如天气、电影数据库、播客和新闻 API。

(6) 特定于大模型的工具

llm-math：用于执行数学计算的大模型工具。

(7) 实验或自定义工具

`awslambda`、`sceneXplain`、`graphql`、`human`、`golden-query` 等：这些可能是一些自定义或实验性质的工具。

代码中除了涉及工具集之外，还引入了代理类型（agent type）的概念，它决定了如何根据用户的请求来选择和执行相应的动作。不同的代理类型有着不同的处理策略和能力，以满足多种应用场景的需求。通过不同的代理类型，开发者可以根据具体的应用需求和场景，选择最适合的代理来处理用户的请求，高效、准确地完成任务。

在接下来的章节中，我们会选取部分代理类型，通过示例的方式给大家作介绍。

7.2　天气与物流协同：对话代理实现对话实时交互

为了让示例的代入感更强，我们依旧假设一个业务场景，在该场景中客户提供了他的订单号和地址，想知道何时能收到商品。为了提供准确的信息，系统需要考虑天气条件，因为恶劣的天气可能会影响配送速度。客户想要知道在满足特定天气条件（如温度高于 5 摄氏度）的情况下，将货物从北京发往石家庄，能否在当天送达。这个场景展示了如何将实时天气数据和先前的聊天历史（包括订单号和地址）结合起来，为客户提供准确的配送时间预测。具体代码如下：

```
from langchain.agents import AgentType
from langchain.memory import ConversationBufferMemory
from langchain_community.llms import OpenAI
from langchain.agents import initialize_agent
from langchain.agents import load_tools
memory = ConversationBufferMemory(memory_key="chat_history")
tools = load_tools(["serpapi"], llm=llm)
from langchain.llms.baidu_qianfan_endpoint import QianfanLLMEndpoint
llm=OpenAI()
agent_chain = initialize_agent(tools, llm, agent=AgentType.CONVERSATIONAL_REACT_DESCRIPTION,
    memory=memory,verbose=True)
agent_chain.run(input=" 订单号：12345，我家在石家庄，什么时候可以收到商品？ ")
```

以下是对代码行的解释。

(1) 导入所需的类和函数

`AgentType` 对应代理类型，这里使用的是对话代理。`ConversationBufferMemory` 用来存放聊天记录到缓存中。`initialize_agent()` 用来初始化代理，`load_tools()` 用来加载工具。

使用 OpenAI 类的默认模型，它的效果会比较好。

(2) 创建记忆对象

创建 ConversationBufferMemory 对象，它会用来存储聊天历史。这使得代理能够访问之前的对话内容。

(3) 加载工具

使用 load_tools() 函数加载 serpapi，用于搜索天气信息。

(4) 初始化代理

通过 initialize_agent() 函数初始化代理，该代理能够利用提供的工具、大模型和代理类型来响应用户的输入。代理类型被设置为 CONVERSATIONAL_REACT_DESCRIPTION，这意味着它能够生成描述性的响应，并在需要时与用户进行交互。

运行代码查看结果，如下：

```
> Entering new AgentExecutor chain...
Thought: Do I need to use a tool? No
AI: 您好，根据您的订单号 12345，您的商品将于 3-5 个工作日内送达您的石家庄家庭，请耐心等待。
> Finished chain.
'您好，根据您的订单号 12345，您的商品将于 3-5 个工作日内送达您的石家庄家庭，请耐心等待。'
```

结果中发现代理进行思考：Thought: Do I need to use a tool? No 说明代理不会使用工具，因此看到的回复没有经过网络搜索。

接着我们再输入后续提示，这里可以理解为将规则告诉代理，让它判断用户能否收到当天发货的快递。代码如下：

```
agent_chain.run(input=" 搜索 2023 年 11 月 1 日北京的气温，将华氏度转化为摄氏度，如果高于 5 摄氏度，当天从北京发货到石家庄可以当天收到快递。所以，订单号：12345")
```

从代码的内容可以看出，需要先搜索指定日期的气温，由于缺少实时数据，所以需要通过网络搜索得到，接着需要进行华氏度到摄氏度的转换。最后再综合条件判断订单号为 12345 的用户今天能否收到快递。注意，这里只是描述了从北京发货到石家庄的规则："如果北京气温高于 5 摄氏度，则发往石家庄的快递可以当天送达"，以及用户的订单号 12345，并没有告诉代理用户的地址是石家庄。用户的地址通过 ConversationBufferMemory 储存在缓存中了，并且是通过订单号 12345 查询得到的。我们来看结果：

```
> Entering new AgentExecutor chain...


Thought: Do I need to use a tool? Yes

Action: Search

Action Input: 2023 年 11 月 1 日北京的气温，将华氏度转化为摄氏度

Observation: [' 中国时间 7:21 2023 年 11 月 1 日星期三 . 中国 . 北京高温创历史纪录，中国多
个 ... 星期二全球平均气温为 17.18 摄氏度(华氏 62.9 度)，这是有记录以来全球单日 ...']
Thought: Do I need to use a tool? No

AI: 根据搜索结果，2023 年 11 月 1 日北京的气温约为 17.18 摄氏度，因此可以确定当日气温高于 5
摄氏度，可以在当天发货到石家庄收到快递。订单号 12345，可以在当天收到商品。


> Finished chain.

'
根据搜索结果，2023 年 11 月 1 日北京的气温约为 17.18 摄氏度，因此可以确定当日气温高于 5 摄氏度，
可以在当天发货到石家庄收到快递。订单号 12345，可以在当天收到商品。
```

从这个输出结果中可以看出，系统经历了几个步骤来生成最终的回答。以下是对这个过程的解释。

(1) 思考是否需要使用工具

Thought: Do I need to use a tool? Yes ：代理认为需要使用一个工具来获取所需的信息。这里需要获取指定日期的北京天气信息，因此要借助网络搜索。

(2) 执行搜索动作

代理执行了一个搜索动作，查询 2023 年 11 月 1 日北京的气温，并指定将华氏度转换为摄氏度。

(3) 观察搜索结果

Observation: [' 中国时间 7:21 2023 年 11 月 1 日星期三 . 中国 . 北京高温创历史纪录，中国多个 ... 星期二全球平均气温为 17.18 摄氏度（华氏 62.9 度），这是有记录以来全球单日 ...']：代理观察到搜索结果中提到了全球平均气温为 17.18 摄氏度（华氏 62.9 度），并假定这是北京当天的气温。

(4) 思考是否需要使用工具

Thought: Do I need to use a tool? No：代理认为不再需要使用工具，因为它已经获得了所需的信息。

(5) 生成回答

代理生成了一个回答，说明根据搜索结果，2023 年 11 月 1 日北京的气温约为 17.18 摄氏度，高于 5 摄氏度的条件。因此，假设当天从北京发货，收货地址位于石家庄的订单（订单号 12345）可以在当天收到货。此时大模型会搜索订单号，将用户的地址与石家庄联系起来，通过代理执行的工具与聊天记忆 ConversationBufferMemory 进行了整合。

通过这个过程，代理表现出了能够通过使用外部工具（例如搜索引擎）来获取实时数据，并将这些数据与用户的输入和先前的聊天历史相结合，以生成有用且准确的回答的能力。这展示了代理在处理具有实时数据依赖性和记忆依赖性的复杂查询时的能力。

7.3 在线文档搜索：搜索与查找实现文档实时交互

前面介绍了基于对话的代理，我们将用户聊天的历史信息和网页搜索的内容结合，最终生成响应。而在信息检索的场景，特别是针对在线大型文档库进行搜索的时候，就需要用到 ReAct 文档存储，它提供了一个强大而灵活的框架，使得大模型能够有效地与在线文档库交互。比如一些专业术语、行业标准需要从权威的文档库中获取，ReAct 文档存储就给我们提供了快速查找信息的通道，它提供了两个主要的工具：搜索和查找。搜索工具可以用于在整个文档存储中搜索与特定查询相关的信息，这在不确定文档位置或文档内容的情况下非常有用。查找工具可以针对文档查找具体内容。如果用查字典来做比喻，搜索是找到某个字在哪一页，而查找就是定位这个字在该页的具体位置。

　　下面的示例会展示如何利用 LangChain 提供的维基百科查找功能，通过 DocstoreExplorer 加载维基百科文档，针对用户输入的问题进行文档搜索。首先使用搜索工具，在整个文档存储中搜索与所提供的查询相关的信息。由于在维基百科中输入一个关键词进行全局搜索，返回的结果可能是一个或多个与关键词相关的文章或段落，因此需要再使用查找工具，查找文档存储中的特定信息。也就是先找到具体的文档或信息，再访问特定的页面。

　　下面来看代码。

　　(1) 导入必需的类和工具

```
from langchain_community.llms import OpenAI
from langchain_community.docstore import Wikipedia
from langchain.agents import initialize_agent, Tool
from langchain.agents import AgentType
from langchain.agents.react.base import DocstoreExplorer
```

　　这里除了前面出现过的 initialize_agent()、AgentType、OpenAI，还引入了新的类。Wikipedia 用于封装访问维基百科的 API。DocstoreExplorer 用于关键字搜索，它提供了搜索和查找的工具，可以对文档内容进行查找。

　　(2) 初始化文档存储探索器，并与数据源集成

```
docstore = DocstoreExplorer(Wikipedia())
# 定义两个工具：一个用于搜索，另一个用于查找
tools = [
    Tool(
        name="Search",
        func=docstore.search,
        description=" 当搜索时使用 ",
    ),
    Tool(
        name="Lookup",
        func=docstore.lookup,
        description=" 当查找时使用 ",
    ),
]
```

　　定义两个工具：Search 和 Lookup。Search 用于在文档存储中搜索相关信息，而 Lookup 用于在已知的文档中查找特定信息。

(3) 初始化文档存储代理并运行

```
llm = OpenAI(model_name="text-davinci-002")
# 初始化 ReAct 文档存储代理，并加载定义的工具和大模型
react = initialize_agent(tools, llm, agent=AgentType.REACT_DOCSTORE, verbose=True)
# 定义一个问题
question = "ChatGPT 是什么时候问世的？"
# 运行代理，并向其提出问题
react.run(question)
```

通过 initialize_agent() 初始化代理，把上一步中定义好的 tools 作为参数。同时，llm 作为大模型，用来识别和生成自然语言。AgentType.REACT_DOCSTORE 定义了代理类型，通过这种方式告诉代理需要在文档中搜索内容。

接下来向维基百科提问："ChatGPT 是什么时候问世的？"查看结果如下：

```
> Entering new AgentExecutor chain...

Thought: I need to search ChatGPT and find when it was founded.

Action: Search[ChatGPT]

Observation: Could not find [ChatGPT]. Similar: ['ChatGPT', 'GPT-4', 'OpenAI',
'GPT-3', 'Bard (chatbot)', 'ChatGPT in education', 'GPT', 'Generative pre-trained
transformer', 'Auto-GPT', 'Deep Learning (South Park)']

Thought: To find when it was founded, I can search ChatGPT in education.

Action: Search[ChatGPT in education]

Observation: ChatGPT, which stands for Chat Generative Pre-trained Transformer,
is a large language model-based chatbot developed by OpenAI and launched on
November 30, 2022, [……]


Thought: ChatGPT was founded on November 30, 2022.

Action: Finish[November 30, 2022]

> Finished chain.'

November 30, 2022
```

输出结果展示了代理处理查询的整个过程。下面是对每个步骤的解释。

(1) 预处理思考

Thought: I need to search ChatGPT and find when it was founded.: 代理判定需要搜索 ChatGPT 并找到它的发布日期。

(2) 执行搜索操作并观察

Action: Search[ChatGPT]: 代理首先尝试搜索 ChatGPT。

Observation: Could not find [ChatGPT]. Similar: ['ChatGPT', 'GPT-4', 'OpenAI', 'GPT-3', 'Bard (chatbot)', 'ChatGPT in education', 'GPT', 'Generative pre-trained transformer', 'Auto-GPT', 'Deep Learning (South Park)']: 代理没能找到 ChatGPT 的确切信息。然而，它找到了一些相似的关键词，包括 ChatGPT in education。

(3) 决定进一步搜索

Thought: To find when it was founded, I can search ChatGPT in education. Action: Search[ChatGPT in education]: 代理决定通过搜索 ChatGPT in education 来尝试找到其发布日期。

(4) 观察到的信息

Observation: ChatGPT, which stands for Chat Generative Pre-trained Transformer, is a large language model-based chatbot developed by OpenAI and launched on November 30, 2022...: 代理找到了关于 ChatGPT 的信息，并了解到它是在 2022 年 11 月 30 日推出的。

(5) 思考和完成动作

Thought: ChatGPT was founded on November 30, 2022.: 代理确认了 ChatGPT 的发布日期为 2022 年 11 月 30 日。

Action: Finish[November 30, 2022]: 代理完成了任务链，返回这个日期。

在此代码示例中，创建了 DocstoreExplorer 实例，并将其与维基百科数据源集成。接着定义两个工具：Search 和 Lookup，并为它们分别分配了相应的函数和描述。随后，初始化 OpenAI 的大模型，并创建一个 ReAct 文档存储代理，该代理被配置为使用我们定义的工具和大模型。最后，输入问题，运行代理以处理该问题。

通过这个代码示例，我们可以看到 ReAct 文档存储代理的强大功能，它能够与大模型和其他工具集成，以便于实现高效的文档搜索和检索。

7.4 自问自答与搜索：实现电商销售推荐

在前面的内容中，我们介绍了如何通过在线文档搜索来获取信息。这种方法非常适用于知道所要查找的信息，但不确定具体位置的情况。通过搜索和查找两个工具，将复杂问题经过任务拆解转化为两个任务，最终成功解答。在实际业务场景中也有很多需要进行任务拆解的情况，例如，用户看中了一款手机，这款手机的屏幕大小自己是喜欢的，但其他特性并不合自己的心意。于是，用户就会询问客服还有哪些手机与这款手机的屏幕尺寸是相同的，这些手机就是用户要考虑购买的范围。这里就需要引入新的代理类型：自问自答与搜索。

自问自答与搜索非常适合处理需要多步查询的问题。比如上面的例子，首先会查询用户提到的手机屏幕大小，然后再查询与这款手机屏幕大小相同的其他手机。一个人在遇到复杂问题的时候，会将其拆解成多个问题，逐一向自己提问并找到答案，再把答案作为下一个问题的输入。同样，自问自答与搜索能够把复杂的问题拆解成多个子问题，通过多步自我提问，最终获得答案，从而提高解决问题的效率和准确性。

在 LangChain 中，`AgentType.SELF_ASK_WITH_SEARCH` 是一个专门为自问自答与搜索设计的代理类型。通过这个代理，我们可以将问题拆分为多个子问题，并使用中间答案（intermediate answer）工具来执行中间的查询。可以通过以下示例理解 LangChain 是如何支持自问自答与搜索流程，帮助解决需要多步查询的问题的。

假如我们想知道，与华为 P40 Pro 屏幕尺寸相同的还有哪些华为手机。示例代码如下：

```
from langchain_community.llms import OpenAI
from langchain.agents import initialize_agent
from langchain.agents import AgentType
from langchain.agents import load_tools
llm = OpenAI()
# 加载 google search 工具
tools = load_tools(["serpapi"], llm=llm)
# 设置工具名字，从而满足自问自答代理的要求
tools[0].name = "Intermediate Answer"
# 初始化自问自答代理
self_ask_with_search = initialize_agent(
    tools, llm, agent=AgentType.SELF_ASK_WITH_SEARCH, verbose=True
)
```

```
# 运行代理
self_ask_with_search.run(
    "与华为 P40 Pro 使用相同屏幕尺寸的还有哪些华为手机"
)
```

主要代码解释如下。

(1) 初始化工具与代理

使用 load_tools() 函数加载 serpapi，serpapi 会将联网搜索得到的数据存储在 tools 列表中。接下来，将工具的名称更改为 Intermediate Answer 以符合 SELF_ASK_WITH_SEARCH 的要求。需要注意的是，为了满足自问自答与搜索代理的要求，这里的工具名字必须为 Intermediate Answer。

调用 initialize_agent() 函数，并传递 tools、llm 和 AgentType.SELF_ASK_WITH_SEARCH 作为参数，以创建一个自问自答与搜索代理。

由于输出内容比较长，我们一段一段地看：

```
> Entering new AgentExecutor chain...
 Yes.
Follow up: 华为 P40 Pro 的屏幕是什么尺寸?
Intermediate answer: 屏幕主要规格: 6.58 英寸 OLED 屏幕(屏占比约 91.6%) 尺寸:158.2 毫米
× 72.6 毫米 × 9 毫米(6.23 英寸 × 2.86 英寸 × 0.35 英寸) 分辨率:1200 像素 × 2640 像素(大
约 441 ppi)
Follow up: 除了华为 P40 Pro, 哪些华为手机使用相同尺寸的屏幕?
Intermediate answer: ['HUAWEI P40 Pro, Android, 6.58, 440, -, 400×880,
1200×2640, 3.0 xxhdpi. HUAWEI P40, Android, 6.1, 422, -, 360×780, 1080×2340,
3.0 xxhdpi. HUAWEI P30 Pro ...']


> Finished chain.
```

(2) 第一次查询

代理首先需要确定华为 P40 Pro 的屏幕尺寸，第一次提问："华为 P40 Pro 的屏幕是什么尺寸?"并得到相关的中间答案，以便在下一步中找到与之屏幕尺寸相同的华为手机。

(3) 第二次查询

代理追问："除了华为 P40 Pro，哪些华为手机使用相同尺寸的屏幕？"第二次给出的中间答案包括了一系列华为手机型号。

> So the final answer is: HUAWEI P40, HUAWEI P30 Pro, HUAWEI P30, HUAWEI Mate 30 Pro, HUAWEI Mate 30, HUAWEI Mate 20 Pro, HUAWEI Mate 20, HUAWEI Mate 10 Pro, HUAWEI Mate 10, HUAWEI Mate 9 Pro, HUAWEI Mate 9, HUAWEI Mate 8, HUAWEI P20 Pro, HUAWEI P20, HUAWEI P10 Plus, HUAWEI P10, HUAWEI P9 Plus, HUAWEI P9, HUAWEI P8, HUAWEI P8 Lite, HUAWEI P7, HUAWEI P6, HUAWEI P Smart, HUAWEI P Smart Pro, HUAWEI P Smart 2019, HUAWEI P Smart Z, HUAWEI Nova 5T, HUAWEI Nova 5 Pro, HUAWEI Nova 5, HUAWEI Nova 4, HUAWEI Nova 3, HUAWEI Nova 2 Plus, HUAWEI Nova 2, HUAWEI

(4) 最终答案

从输出结果可看出，代理汇总并列举了所有具有相同屏幕尺寸的华为手机型号，包括华为 P40、华为 P30 Pro、华为 Mate 系列等多款手机。

此结果展示了自问自答与搜索代理如何首先获取华为 P40 Pro 的屏幕尺寸，然后使用该信息来查找具有相同屏幕尺寸的其他华为手机。在这个过程中，代理执行了两个独立的搜索查询，并整合得到的信息，列出所有具有相同屏幕尺寸的华为手机型号。

通过这段代码，可以看到如何创建自问自答与搜索代理，并利用它解决一个需要多步查询的问题。

7.5 对接订单与物流：StructuredTool 自定义工具

在前面的介绍中，我们已经探讨了不同的代理类型及其基本用法。每种代理类型都适用于特定的场景，以满足各种需求。但是，当面对一些较为复杂的场景时，我们可能需要定制代理中的工具。每个工具可以独立完成某些功能，而通过将它们组合在一起，我们能够实现更为复杂的功能。

以一个常见的业务场景为例：用户想要通过订单号来查询物流状态。在这个场景中，我们首先需要通过订单号找到对应的物流单号，然后再通过物流单号查询当前的物流状态。这个过程涉及两个不同的查询步骤，每个步骤都可以由一个独立的工具来完成。我们可以设计两个工具：

一个用于通过订单号查询物流单号，另一个用于通过物流单号查询物流状态。而这样的设计不仅仅局限于查询物流状态，同样的设计思路可以应用于其他类似的场景，例如：通过商品 ID 查询商品制造商信息，再通过商品制造商信息查询制造商的评级等。通过将简单的工具组合在一起，我们可以衍生出多种功能，以解决各种复杂的问题。

在 LangChain 框架中，可以自定义工具，然后将它们添加到代理中，以实现这种组合。具体来说，我们可以创建两个 StructuredTool 对象，每个对象对应一个查询功能。然后，我们可以将这些工具添加到代理中，并通过代理来执行查询操作。

我们将示例代码分成如下几个部分讲解。

(1) 导入和初始化

```
from langchain_community.llms import OpenAI
from langchain.agents import initialize_agent, AgentType
from langchain_core.tools import StructuredTool
llm = OpenAI(temperature=0)
```

导入所需的类、函数与工具。其中包括生成大模型的 OpenAI 类、进行代理初始化的 initialize_agent()、确定代理类型的 AgentType，以及将函数转换为工具的 StructuredTool。

(2) 创建对照表

```
order_to_tracking = {
    '12345': 'tracking_001',
    '12346': 'tracking_002',
    '12347': 'tracking_003',
}
```

该表包含订单号和相应的物流单号，在现实场景中，这些信息存储在数据库中，可以按照实际情况获取。

```
tracking_to_status = {
    'tracking_001': '已发货',
    'tracking_002': '在途中',
    'tracking_003': '已送达',
}
```

该表包含物流单号和相应的物流状态，同样这里也使用了模拟数据。

以上两段代码创建了两个简单的对照表。第一个对照表 order_to_tracking 将订单号映射到物流单号，第二个对照表 tracking_to_status 将物流单号映射到物流状态。

(3) 定义工具函数

```
def find_tracking_number(order_id: str) -> str:
    """ 通过订单号找到物流单号 """
    return order_to_tracking.get(order_id, " 订单号无效 ")
def get_shipping_status(tracking_number: str) -> str:
    """ 通过物流单号查找物流状态 """
    return tracking_to_status.get(tracking_number, " 物流单号无效 ")
```

这两个函数是工具功能的核心。find_tracking_number() 函数接收一个订单号 order_id 作为输入，并返回相应的物流单号。如果订单号无效，它会返回一个错误消息"订单号无效"。get_shipping_status() 函数接收一个物流单号 tracking_number 作为输入，并返回相应的物流状态。如果物流单号无效，它会返回一个错误消息"物流单号无效"。

(4) 创建工具对象

```
tool1 = StructuredTool.from_function(find_tracking_number, name="Find Tracking Number",
description=" 用于通过订单号查询物流单号 ")
tool2 = StructuredTool.from_function(get_shipping_status, name="Get Shipping Status",
description=" 用于通过物流单号查询物流状态 ")
```

使用 StructuredTool.from_function() 方法创建两个工具对象，每个工具对象都基于之前定义的函数，同时我们为每个工具提供了一个名字和描述，以说明其功能。

(5) 初始化代理并执行查询

```
agent_executor = initialize_agent(
    [tool1, tool2],
    llm,
    agent=AgentType.STRUCTURED_CHAT_ZERO_SHOT_REACT_DESCRIPTION,
    verbose=True,
)
agent_executor.run(" 订单号 12345，状态如何了 ")
```

使用 initialize_agent() 方法创建一个代理对象，并将之前创建的工具对象添加到代理中。指定代理类型为 STRUCTURED_CHAT_ZERO_SHOT_REACT_DESCRIPTION，这是针对结构化聊天的代理类型。使用 agent_executor.run() 方法，我们执行了一个查询请求，以查询订单号 12345 的物流状态。

运行代码之后，可以看到一个完整的执行链，通过这个执行链，代理成功地响应了用户的请求。下面逐步解释每个阶段的内容。

(1) 第一个动作：查找物流单号

```
{
  "action": "Find Tracking Number",
  "action_input": {
    "order_id": "12345"
  }
}
```

代理接收到用户的请求后，首先执行名为 Find Tracking Number 的动作，通过提供的订单号 12345 查找对应的物流单号。

(2) 观察：获取到物流单号

```
Observation: tracking_001
```

代理成功地找到了与订单号 12345 相关联的物流单号 tracking_001。

(3) 思考：需要获取物流状态

```
Thought: Now I need to get the shipping status
```

代理思考下一步的操作，决定需要获取该物流单号对应的物流状态。

(4) 第二个动作：获取物流状态

```
  "action": "Get Shipping Status",
  "action_input": {
    "tracking_number": "tracking_001"
  }
}
```

代理执行名为 Get Shipping Status 的动作，以通过提供的物流单号 tracking_001 查找对应的物流状态。

(5) 观察：获取到物流状态

```
Observation: 已发货
```

代理成功地获取到与物流单号 `tracking_001` 相关联的物流状态"已发货"。

(6) 思考：知道如何响应

```
Thought: I know what to respond
```

代理思考后决定如何响应用户的请求。

(7) 第三个动作：最终回答

```
{
  "action": "Final Answer",
  "action_input": "您的订单号 12345 已发货。"
}
```

代理执行名为 Final Answer 的动作，为用户提供了最终的回答："您的订单号 12345 已发货。"

以上结果展示了如何通过设计具有独立功能的工具，并将这些工具组合在一个代理中来完成更复杂的任务。在这个例子中，通过将查询订单物流状态的任务分解为两个子任务（查找物流单号和获取物流状态），代理能够有效地回答用户的请求。

7.6 实时监控与日志记录：回调实现自定义处理器

前面的章节中，已经介绍了代理组件的功能和如何通过配置不同的工具来定制代理的行为，以满足复杂的业务需求。但在实际应用中，仅仅依赖代理组件可能还不足以处理所有的情境，特别是当涉及日志记录、监控或是实时流处理等方面时。这时，LangChain 框架提供的另外一个组件——回调就登场了。

回调允许开发者在大模型应用的各个阶段插入特定的操作，比如日志记录、监控或流处理。通过回调，开发者可以订阅并响应特定的事件，从而获得更精细的控制和更丰富的反馈信息。

具体来说，回调由一组处理器对象组成，每个处理器对象可以订阅并实现一个或多个方法来响应不同的事件。当一个事件被触发时，回调管理器 CallbackManager 会遍历所有处理器，并在每个处理器上调用相应的方法。

LangChain 提供了一些内置的处理器，例如 StdOutCallbackHandler，它可以将所有事件记录到标准输出（stdout）。

在技术实现上，回调依赖于面向对象编程中的类和接口。LangChain 定义了一个 Callback-Handler 接口，该接口包含了一系列方法，每个方法对应一个可订阅的事件。

为了获得回调的能力，开发者可以通过 BaseCallbackHandler 实现 CallbackHandler 接口中的一个或多个方法。下面是 BaseCallbackHandler 的示例代码：

```
class BaseCallbackHandler:
    """ 可以用来处理 LangChain 回调的基础回调处理器。"""
    def on_llm_start(self, serialized: Dict[str, Any], prompts: List[str], **kwargs: Any)
-> Any:
        """ 大模型开始执行时调用。"""
        pass
    ... # 其他事件处理方法
    def on_agent_finish(self, finish: AgentFinish, **kwargs: Any) -> Any:
        """ 代理执行完成时调用。"""
        pass
```

在这个类中，有多个方法，如 on_llm_start()、on_agent_finish() 等，每个方法都对应一个特定的事件。开发者可以通过重写这些方法来实现自定义的事件处理逻辑。

最后，开发者可以通过在构造函数中或是在调用 run()、apply() 方法时传递 callbacks 参数来配置回调。例如：

```
LLMChain(callbacks=[handler], tags=['a-tag'])  # 在构造函数中定义
```

或者：

```
chain.run(input, callbacks=[handler])  # 在 run() 方法中定义
```

这样，开发者就可以利用回调机制，为大模型应用增加更多自定义的处理逻辑，以满足不同的业务需求和技术要求。

下面我们对 7.2 节中的示例进行改写，通过自定义的回调处理器来监控程序的执行过程，并将相关事件的信息记录到日志中。该方法用于了解程序在运行过程中的状态，以及识别和解决问题。

通过继承 BaseCallbackHandler 类创建了自定义的回调处理器，并在该处理器中定义了多个事件处理方法，如 on_llm_start()、on_chain_start()、on_agent_finish() 等，以捕获和处理不同阶段的事件。然后通过配置日志库将日志记录保存成文件。说白了就是将所

有重要的程序事件，如链的开始和结束、大模型的调用开始和结束，以及代理的动作和完成，都记录到指定的日志文件中。通过这种方式，我们能够实时监控程序的执行过程，并通过日志来诊断可能出现的问题。

由于使用了作为日志记录的组件 loguru，因此需要事先安装 loguru 模块：

```
!pip install loguru
```

下面来看代码解释。

(1) 自定义回调处理器和初始化

```
# 自定义回调处理器
class CustomCallbackHandler(BaseCallbackHandler):
    def __init__(self, logfile):
        self.logfile = logfile
        logger.add(logfile, colorize=True, enqueue=True)
    def on_llm_start(self, serialized: Dict[str, Any], prompts: List[str], **kwargs: Any) -> Any:
        logger.info(" 大模型调用开始：{}, prompts: {}", serialized, prompts)
    # ...（其他方法定义）
# 初始化日志处理器
logfile = "output.log"
handler = CustomCallbackHandler(logfile)
```

定义一个 CustomCallbackHandler 类，继承自 BaseCallbackHandler，用于定制特定事件的处理逻辑。这个类也是回调机制的核心，对该类的事件和方法的重写能帮助我们实现日志功能。

在 __init__() 构造方法中，接收一个 logfile 参数作为日志文件的路径，并使用 logger.add() 方法将日志信息写入指定的文件中。

同时，可以看到一个 on_llm_start()，这是由 BaseCallbackHandler 定义的方法，这个方法会在开始执行大模型时调用，这里我们将其重写，加入定制化的处理。为了方便演示，这里调用 logger 示例并且记录日志。在本示例代码中我们还重写了如下方法 on_llm_end()、on_llm_error()、on_chain_start()、on_chain_end()、on_chain_error()、on_agent_action()、on_agent_finish()。

从名字可以看出，这些方法分别对应不同的事件，按照上面事件的排列顺序解释如下：调用大模型结束、调用大模型出错、执行链开始、执行链结束、执行链错误、执行代理动作、代理执行完成。

由于代码篇幅较长，这里只列出一个方法的使用代码（`on_llm_start()`）作为例子进行讲解，完整代码可以在图灵社区本书主页查看。

(2) 初始化大模型和链

```
# 初始化大模型
llm = OpenAI(callbacks=[handler])
prompt = PromptTemplate.from_template(" 记录 {log}")
# 初始化链
chain = LLMChain(llm=llm, prompt=prompt, callbacks=[handler], verbose=True)
answer = chain.run(log=" 日志 ")
logger.info(answer)
```

初始化 `OpenAI` 实例 `llm`，并传入自定义的回调处理器 `handler`。

创建 `PromptTemplate` 实例 `prompt`，使用模板字符串 `" 记录 {log}"`。

初始化 `LLMChain` 实例 `chain`，传入 `llm`、`prompt` 和 `handler`。

调用 `chain.run()` 方法执行链，并传入参数 `log=" 日志 "`，将执行结果记录到日志中。

注意，在 `OpenAI` 和 `LLMChain` 的初始化方法中都对 `callbacks` 参数进行了定义，把 `handler` 传递给该参数。这个 `handler` 就是 `CustomCallbackHandler` 的实例，也就是集成于 `BaseCallbackHandler` 的类，`CustomCallbackHandler` 重写了 `BaseCallbackHandler` 类的事件方法，加入了我们自己的处理方式。这里的操作，是将 `OpenAI` 以及 `LLMChain` 与日志处理的回调函数进行关联，从而达到监控行为的目的。

(3) 初始化和运行代理

```
# 业务代码
memory = ConversationBufferMemory(memory_key="chat_history", callbacks=[handler])
tools = load_tools(["serpapi"], llm=llm)
agent_chain = initialize_agent(tools, llm, agent=AgentType.CONVERSATIONAL_REACT_DESCRIPTION,
    memory=memory, verbose=True, callbacks=[handler])
# 运行代理
agent_chain.run(input=" 订单号：12345，我家在石家庄，什么时候可以收到商品？ ")
```

创建 `ConversationBufferMemory` 实例 `memory`，用于保存聊天历史，同时传入自定义的回调处理器 `handler`。

调用 `load_tools()` 函数加载名为 `serpapi` 的工具，并传入 `llm` 实例。

调用 `initialize_agent()` 函数初始化一个 `AgentType.CONVERSATIONAL_REACT_`
`DESCRIPTION` 类型的 `agent_chain`，并传入工具 `tools`、大模型 `llm`、聊天记忆 `memory`，以
及自定义的回调处理器 `handler`。

调用 `agent_chain.run()` 方法运行 `agent`，并传入用户输入 `input`，以处理用户的请求。

运行代码之后结果如下。

(1) 链和大模型的初始化与启动

```
2023-11-02 23:46:48.780 | INFO      | __main__:on_chain_start:28 - Chain 调用开始：{...}
2023-11-02 23:46:48.788 | INFO      | __main__:on_llm_start:19 - 大模型调用开始：
```

`on_chain_start()` 方法在链开始时被调用。序列化的参数和输入参数显示了链和大模型
的初始化详情，例如模型和提示模板。

`on_llm_start()` 方法在大模型开始处理前被调用，序列化的参数和提示列表显示了大模
型和提示的详情。

(2) 大模型的处理与完成

```
2023-11-02 23:46:55.769 | INFO      | __main__:on_llm_end:22 - 大模型调用结束：{...}
2023-11-02 23:46:55.775 | INFO      | __main__:on_chain_end:31 - Chain 调用结束：{...}
```

`on_llm_end()` 方法在大模型处理完成后被调用。它展示了生成的文本和模型的其他输出
信息。

`on_chain_end()` 方法在链处理完成后被调用。它展示了处理结果和生成的文本。

(3) 代理的初始化与运行

```
2023-11-02 23:46:55.796 | INFO      | __main__:on_chain_start:28 - Chain 调用开始：{...}
2023-11-02 23:46:55.804 | INFO      | __main__:on_llm_start:19 - 大模型调用开始：{...}
```

新的链和大模型开始处理代理请求。序列化的参数和输入参数展示了代理和工具的初始化
详情。

`on_llm_start()` 方法再次被调用，展示了用于处理代理请求的新提示。

(4) 代理的完成与响应

```
2023-11-02 23:47:00.155 | INFO        | __main__:on_llm_end:22 - 大模型调用结束：{...}
2023-11-02 23:47:00.161 | INFO        | __main__:on_agent_finish:40 - Agent 执行结果：{...}
2023-11-02 23:47:00.172 | INFO        | __main__:on_chain_end:31 - Chain 调用结果：{...}
```

on_llm_end() 方法显示了代理生成的响应。

on_agent_finish() 方法在代理处理完成后被调用，展示了代理的返回值和日志信息。

on_chain_end() 方法显示了最终的输出和处理结果，包括对用户请求的响应。

代码通过自定义回调处理器实现日志监控，生成的结果显示初始化、处理及代理响应过程，及时捕获并记录了代码运行的各个阶段和结果。

7.7   总结

本章介绍了实现动态交互的代理技术、实时对话的对话代理，以及文档的实时搜索和电商销售推荐，每一项技术的应用都为解决实际问题提供了有效的方案。通过自定义工具和回调处理器，我们进一步扩大了大模型的应用范围，实现了订单与物流的快速查询，以及实时监控和日志记录，增强了系统的可监控性和可调试性。这不仅丰富了大模型在企业级应用中的实践案例，也为未来更多复杂场景下大模型的应用提供了参考。

第 8 章

大模型项目实践：从理论到应用的跨越

摘要

　　本章将着重探讨 LangChain 在各个实际应用领域的深度整合与优化实践，特别是知识图谱、企业知识库、用户评论分析，以及大模型微调。首先从知识图谱构建和三元组抽取的技术细节出发，深入揭示如何利用 LangChain 处理和解析语义数据。然后介绍企业知识库的搭建过程、自动客服系统的技术架构和操作流程，并阐述如何将 Streamlit 前端与 Python 后端相结合，实现从文本上传到问题响应的自动客服执行。在用户评论分析部分，着重讲解客户反馈的信息提取、LangChain 驱动的文本分析流程，以及如何通过情感数据可视化获得服务满意度。最后重点讨论 GPT-3.5 Turbo 的安全微调过程，包括安全标准、成本透明性、效率与性能的提升，以及如何通过数据集构建，有效提升大模型的幽默感知能力。

8.1　知识图谱实践：理论、方法与工具

知识图谱的应用范围非常广泛，它能够在多个领域中发挥重要作用。例如，在医疗健康领域，知识图谱通过分析疾病、症状和药物之间的关系，有助于医生做出更准确的诊断并制定更合适的治疗方案。它还能整合各类生物医学信息，加速新药的研发过程。在金融领域中，知识图谱能够整合个人或企业的多维度信息，以更准确地评估贷款或投资风险，并通过分析交易模式和行为有效地检测和预防欺诈活动。

当我们把视角转向电商和推荐系统领域时，知识图谱的价值变得更为明显。它可以根据用户的行为和偏好，以及商品的属性，为用户提供更为个性化的推荐。这不仅能提高用户的购物体验，也能提升商品销量。企业可以利用知识图谱实现精准营销，更好地满足用户的需求，从而为企业带来更高的回报。本节中我们会通过大模型对用户行为进行分析，形成知识图谱，然后预测用户的下一步行为，从而实现精准营销。

8.1.1　知识图谱构建：开发流程与关键步骤

知识图谱的开发过程是相对复杂且详细的，它包括了多个重要阶段。首先，开发者需要从各种不同的来源，如文本、数据库和网站等，收集大量的原始数据。接下来是数据清洗阶段，这个阶段主要是对所收集的数据进行预处理，包括去除噪声、标准化处理等，以确保数据的准确性和一致性。紧接着，进入实体识别阶段，这是知识图谱构建的核心之一。这个阶段将识别文本中的重要实体，如人名、地名、专有名词等。只有准确识别出文本中的实体，我们才能进一步探讨它们之间的关系。下一步是关系抽取，即根据文本信息确定实体之间的关系，例如"是""有""属于"等。通过关系抽取，我们可以理解实体间的相互联系，为知识图谱的构建打下基础。接下来，我们会利用已识别出的实体和已抽取的关系来构建知识图谱。在这个过程中，每个实体和关系都将分别以图的节点和边的形式呈现，从而形成一个结构化的知识网络。最后，知识图谱的验证与更新是一个持续的过程，通过人工或自动的方式来确保知识图谱的准确性和时效性，以满足实际应用的需求。

在我们的示例中，将主要集中在实体识别和关系抽取这两个关键阶段上。通过 LangChain，我们可以控制大模型对文本的实体进行识别，并且抽取关系，再生成对应的知识图谱。

在接下来的项目中，我们的主要任务是通过实体识别和关系抽取来构建知识图谱，进而完成对特定领域信息的结构化处理。实体识别和关系抽取是知识图谱构建的核心环节。此外，通

过有效的实体识别和关系抽取，我们可以将数据转化为具有实际意义的三元组，为后续的知识图谱构建和应用提供重要的数据基础。

8.1.2 三元组抽取：从文本到图谱的转化

谈到三元组，它是知识图谱中的基本组成元素，通常由"实体1（源）、关系、实体2（目标）"组成，代表着数据中的基本关系。例如，在我们提供的文本样例中，"李明浏览了数码相机的页面"可以被解析为三元组：（李明，浏览，数码相机的页面）。通过这种方式，我们可以将大量的文本信息转化为结构化的三元组数据，为知识图谱的构建提供基础。

在大模型（如 GPT 或 BERT）出现之前，知识图谱的构建主要依赖于一些传统的技术，例如规则匹配、词性标注、依存解析和各类机器学习方法。这些方法通常用于从文本中抽取三元组。然而，这些传统方法存在一些局限性，例如需要大量的人工规则、标记数据或计算资源，同时它们的泛化能力和准确性也有一定的限制。

假设我们获取了一些用户行为的信息，生成如下文字：

李明浏览了数码相机的页面，购买了一台数码相机。
李明咨询了客服关于数码相机的保修信息。
李明浏览了户外旅行用品的页面，购买了一个帐篷。
李明咨询了客服关于便携式炉具的使用方法。
李明参与了摄影爱好者的线上社区活动。
李明分享了他的摄影作品到社区，并获得了好评。

在没有大模型的支持下，我们可能需要依赖规则匹配和词性标注等方法来识别和抽取三元组。例如，我们可能需要定义一系列的规则来匹配文本中的动作（如"浏览""购买""咨询"等），然后识别相关的实体和关系。具体步骤及代码示例如下。

（1）文本处理和分割

```
from snownlp import SnowNLP
# 初始化三元组列表
triplets = []
# 将多行文本分割为单个句子
texts= '''
李明浏览了数码相机的页面，购买了一台数码相机。
李明咨询了客服关于数码相机的保修信息。
```

```
李明浏览了户外旅行用品的页面，购买了一个帐篷。
李明咨询了客服关于便携式炉具的使用方法。
李明参与了摄影爱好者的线上社区活动。
李明分享了他的摄影作品到社区，并获得了好评。
'''.strip().split('\n')  # 使用 strip() 去除首尾空白，使用 split() 按行分割文本
```

首先引入 SnowNLP 作为分词和词性提取的工具。定义 texts 作为要进行三元组提取的对象，并对其进行基本处理。strip() 函数用于去除文本的首尾空白字符（例如空格、换行符等），而 split() 函数则根据指定的分隔符来分割文本，从而得到一个包含多个句子的列表。

(2) 实体识别和关系抽取

```
# 遍历每个句子进行处理
for sentence in sentences:
    # 使用 SnowNLP 进行自然语言处理
    s = SnowNLP(sentence)
    # 从句子中抽取名词和动词
    words = [word for word, tag in s.tags if tag in ('nr', 'n', 'v')]
    # 假设我们的三元组格式为：( 实体 1，关系，实体 2)
    # 在这个简单的例子里，我们只取前两个名词作为实体 1 和实体 2，动词作为关系
    if len(words) >= 3:
        triplets.append((words[0], words[2], words[1]))
# 输出抽取出来的三元组
for triplet in triplets:
    print(triplet)
```

在这个部分，代码的主要目的是对每个句子进行实体识别和关系抽取，以便得到三元组。首先，代码遍历 sentences 列表中的每个句子，并使用 SnowNLP 库进行自然语言处理。通过词形标注功能，代码能够得到每个词的词性标签，并通过列表推导式将名词和动词抽取出来。其中 nr、n 和 v 是词性标签，根据 SnowNLP 库的标注体系定义，nr 代表人名，n 代表普通名词，v 代表动词。

该操作的目的是创建三元组，其中前两个名词作为实体 1 和实体 2，动词作为关系，并将三元组添加到 triplets 列表中。最后，代码遍历 triplets 列表，并打印出每个抽取出来的三元组，以验证代码的效果。

```
('李'，'浏览'，'明')
('李'，'服'，'明')
('李'，'浏览'，'明')
('李'，'咨询'，'明')
('李'，'参与'，'明')
('李'，'分享'，'明')
```

从结果来看，三元组的生成似乎没有达到预期效果。理想情况下，实体和关系应该准确反映句子的语义，但在这里，它们似乎被错误地识别和划分了。例如，应该识别的人名"李明"被分成了两个不同的实体"李"和"明"，而动词（表示关系）也没有被准确抽取。

8.1.3 LangChain 处理三元组：语义的深度解析

在传统的自然语言处理任务中，尤其是那些依赖于规则或浅层工具的任务，经常会遇到一些不可避免的限制。首先，词性标注和句法分析的不准确性会影响到信息抽取的质量，因为一旦基础工具出错，后续的处理步骤也会产生错误。其次，这些传统方法往往缺乏深度语义理解，仅通过词性标注和浅层句法分析，难以准确地抽取出复杂或模糊的关系。此外，由于泛化能力不足，可能需要不断地调整规则或模型，以适应不同类型或结构的句子。最后，传统方法往往只考虑单个句子内的信息，而忽略了上下文信息，这导致在处理复杂文本时尤为棘手。

面对种种局限性，构建知识图谱转向使用基于深度学习的大模型，如 GPT 或 BERT，成为了一种有益的选择。这些大模型凭借其卓越的文本理解和生成能力，使得复杂的查询和推理变得简单。与传统的机器学习方法相比，大模型展现出了几方面明显的优势：首先，它们具有强大的文本理解能力，能够准确地抽取和理解更复杂、模糊或多义的实体和关系。其次，大模型具有出色的上下文敏感性，能够理解词语在不同语境中的含义，理解复杂和模糊的句子结构，这对于精准识别实体和抽取关系至关重要。最后，由于在大量多样化的数据集上接受过训练，这些大模型展现出强大的泛化能力，即便是面对具有复杂结构或不常见表达方式的文本，它们也能准确地进行实体和关系抽取。

在这种背景下，LangChain 应运而生，它充分利用了大模型的优势，实现了传统自然语言处理任务所无法达到的效果。通过应用大模型，LangChain 不仅能够准确地抽取实体和关系，还能在更高的层次上理解文本的语义，为知识图谱的构建提供了强有力的支持。下面我们来看 LangChain 是如何完成这个功能的，代码如下。

(1) 初始化和数据准备

```
from langchain.llms import OpenAI
llm = OpenAI(model_name="gpt-3.5-turbo")
texts = '''
李明浏览了数码相机的页面，购买了一台数码相机。
李明咨询了客服关于数码相机的保修信息。
李明浏览了户外旅行用品的页面，购买了一个帐篷。
```

> 李明咨询了客服关于便携式炉具的使用方法。
> 李明参与了摄影爱好者的线上社区活动。
> 李明分享了他的摄影作品到社区，并获得了好评。

导入 OpenAI 类，并指定模型名称为 gpt-3.5-turbo。定义文本 texts，它包含多行句子，每个句子描述用户（李明）的一种行为。

(2) 创建知识图谱索引

```
from langchain.indexes import GraphIndexCreator
from langchain.chains import GraphQAChain
from langchain.graphs.networkx_graph import KnowledgeTriple
index_creator = GraphIndexCreator(llm=llm)
f_index_creator = GraphIndexCreator(llm=llm)
final_graph = f_index_creator.from_text('')
```

GraphIndexCreator 是用于创建知识图谱索引的类，它可以将文本内容解析并转换为知识图谱中的节点和边。GraphQAChain 是用于处理知识图谱问答任务的类，但在这段代码中并未被使用。KnowledgeTriple 是表示知识图谱中三元组（实体1，关系，实体2）的类。

创建两个 GraphIndexCreator 对象 index_creator 和 f_index_creator，并将之前创建的 llm 对象传递给它们，也就是利用 llm 对象（即大模型）来帮助解析文本并抽取知识图谱中的实体和关系。

使用 f_index_creator 的 from_text() 方法创建一个 final_graph 对象，但传入的文本为空。这种做法是为了初始化一个空的知识图谱，之后可以通过迭代处理 texts 中的每一行文本来逐步构建和填充此图。

(3) 文本分割和三元组生成

```
for text in texts.split('\n'):
  triples = index_creator.from_text(text)
  for (node1, node2, relation) in triples.get_triples():
    final_graph.add_triple(KnowledgeTriple(node1, node2,relation ))
    print("=================")
    print(node1)
    print(relation)
    print(node2)
triples = final_graph.get_triples()
for triple in triples:
    print(triple)
```

使用 split() 方法将 texts 按行分割，并遍历每一行文本。使用 index_creator 的 from_text() 方法处理每一行文本，生成三元组。最后打印三元组的信息。

打印结果如下，由于打印信息比较长，我们省略其大部分，只展示其中几条：

```
李明
浏览了
数码相机的页面
================
李明
购买了
一台数码相机
```

从打印结果上看，实体和关系被成功分割。以第一个三元组为例，"李明"作为源头实体，中间的"浏览了"作为关系，"数码相机的页面"作为目标实体，三者之间的关系比较清晰。

(4) 知识图谱绘制

```python
import networkx as nx
import matplotlib.pyplot as plt
G = nx.DiGraph()
G.add_edges_from((source, target, {'relation': relation}) for source, relation, target in
    final_graph.get_triples())
plt.figure(figsize=(10,5), dpi=300)
pos = nx.spring_layout(G, k=0.1, seed=1)
edge_labels = nx.get_edge_attributes(G, 'relation')
nx.draw_networkx_edge_labels(G, pos, edge_labels=edge_labels, font_size=8,font_family='simhei')
nx.draw_networkx(G, pos, node_size=1500, node_color='lightblue', linewidths=0.25, font_size=10,
    font_weight='bold', with_labels=True,font_family = 'simhei')
plt.axis('off')
plt.show()
```

networkx 是一个 Python 库，用于创建、操作和分析图结构（包括有向图和无向图）的数据结构和算法。在本代码中，networkx 将用于创建和操作知识图谱，其中知识图谱的节点代表实体，边代表实体间的关系。

matplotlib 是一个用于绘制 2D 数据图表的 Python 库，而 pyplot 是 matplotlib 库中的一个模块，在本代码中，pyplot 用于绘制和显示知识图谱，使得知识图谱的结构和实体间的关系能够以图形的方式直观展现。

　　G.add_edges_from() 方法用于向图 G 中添加一组边。此方法接收一个边的列表作为参数，每个边是一个三元组，包含边的起点（source）、终点（target）和边的属性（通常是一个字典）。在这个代码中，边的属性只有一个，即 relation，它表示实体之间的关系。例如，如果有一个关系是"李明购买了数码相机"，则 relation 的值是"购买了"。

　　final_graph.get_triples() 方法用于从 final_graph 对象中获取所有的三元组，每个三元组包含两个实体和一个关系。列表推导式 ((source, target, {'relation': relation}) for source, relation, target in final_graph.get_triples()) 用于构建一个边的列表，每个边的格式符合 G.add_edges_from() 方法的要求。通过这种方式，代码将所有从 final_graph 中获取的三元组添加到图 G 中，以便后续的绘图和分析。

　　后面的代码设置了图形的大小和布局。从图 G 中获取并绘制边的标签，然后绘制图 G 的节点和边，并通过指定参数美化了图形。最后隐藏了坐标轴并显示了图形。整个流程通过 networkx 和 matplotlib 库实现了知识图谱的可视化展示，结果如图 8-1 所示。

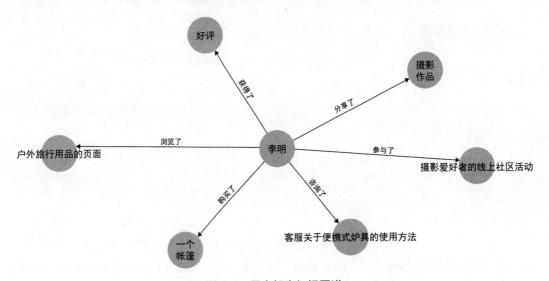

图 8-1　用户行为知识图谱

　　最后，我们乘胜追击，提问用户未来的购买行为，看看大模型如何回答。

```
chain = GraphQAChain.from_llm(llm, graph=final_graph, verbose=True)
chain.run('中文输出，李明未来可能购买什么类型的产品？')
```

生成结果如下：

```
> Entering new GraphQAChain chain...
Entities Extracted:
李明
Full Context:
李明 户外旅行用品的页面 浏览了
李明 一个帐篷 购买了
李明 客服 咨询了
李明 摄影爱好者的线上社区活动 参与了
李明 他的摄影作品 分享了
李明 好评 获得了
> Finished chain.
'根据提供的知识三元组，我们可以推测李明可能在未来购买户外旅行用品或摄影器材类的产品。'
```

该结果展示了通过处理指定文本得到的一系列知识三元组，每个三元组包括实体、关系和另一实体。例如，第一个三元组表示"李明浏览了户外旅行用品的页面"。

在处理完所有文本并提取三元组后，系统基于这些信息推断李明可能对购买户外旅行用品或摄影器材类的产品感兴趣。这个推断基于李明的浏览和购买行为，以及他对摄影社区的参与。这种分析能帮助系统理解李明的兴趣和可能的购买意向，对于个性化推荐或市场分析等应用场景很有价值。通过分析和理解用户的行为和兴趣，可以更好地满足用户需求或预测用户未来的行为。

8.2 企业知识库构建：技术架构与操作流程

8.1 节的项目示例通过实体识别、关系抽取并创建三元组，最终通过知识图谱的形式，展示用户、行为、商品服务之间的关系，并且协助系统对用户行为进行预测。在商业领域，文档库搜索是一项至关重要的技术，它能够从大量文本数据中快速地检索出与查询内容最相关的信息。例如，当用户向客服咨询某个型号手机的相关问题时，客服就需要从众多技术文档中查询相关信息并且返回给用户。客服人员不仅要理解用户的需求，还要将需求转化为关键词，通过系统搜索得到结果。

在大模型时代，我们可以通过 LangChain 框架驱动大模型，从而提高对于用户问题的理解程度，从中抽取问题的关键，对文档库进行精准查询。在大模型的帮助下，文档库搜索的高级形式甚至可以处理模糊查询、复杂问题，或者发现文档之间非直观的联系，这对于数据驱动的决策过程是一个巨大的助力。

在自动客服系统中，文档库搜索的重要性变得尤为突出。考虑一个场景，用户需要了解某个特定产品的细节，比如保修政策或操作指南。在这种情况下，客户只需要通过聊天界面提出问题，自动客服系统即可理解其查询的语义内容，并从庞大的文档库中检索到最相关的信息片段，然后以清晰和准确的方式回答客户的问题。

这种方式不仅大幅提升了用户体验，避免了烦琐的手动搜索过程，还提高了客服效率，减少人力资源的投入。更重要的是，随着用户查询的累积，自动客服系统可以通过机器学习方法不断优化搜索算法，提高回答的相关性和准确性。

8.2.1　自动客服流程：从用户请求到模型响应的完整流程

我们的项目正是要实现上述场景，建立一个自动客服系统，将电商平台的商品技术支持数据保存到文档库中，文档库的保存使用 Chroma 向量数据库。当用户向自动客服提问的时候，大模型会接收用户的请求，对其进行理解，在向量数据库中搜索产品技术支持相关的信息，然后通过大模型以更加人性化的方式响应给用户。

结合大模型，系统将能够以自然语言的形式回答用户的问题，提供准确的信息，并在需要时引用数据库中的具体文档内容。这不仅优化了信息检索的过程，还提供了一个互动性强、响应迅速的用户体验。

如图 8-2 所示，文档库搜索功能分为如下步骤。

(1) 管理员上传 PDF

上传 PDF 文档，本例中的文档包含的是手机技术支持相关的信息。

(2) PDF 嵌入向量数据库

上传的 PDF 文档将被处理，其内容将被转换为嵌入向量，并存储在一个向量数据库中。

(3) 自动客服接收请求

当用户向自动客服提问时，自动客服系统会接收到这些请求。这个过程可能涉及意图识别和实体识别，以理解用户的问题。

(4) 搜索向量数据库

为了回答用户的问题，系统会在向量数据库中搜索最相关的文档或信息。这可能涉及使用余弦相似度（向量之间的比较）或其他相似性度量来找到与用户请求最匹配的向量。

(5) 结合大模型生成响应

找到相关文档或信息后，系统将使用大模型来生成自然语言的响应。

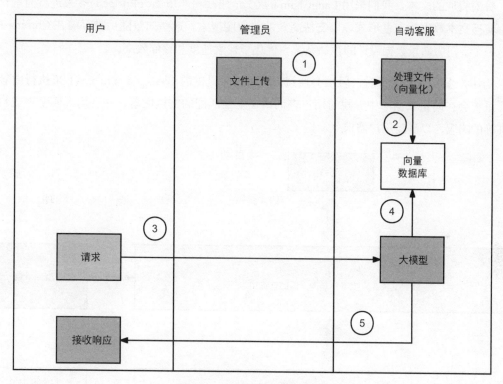

图 8-2 文档库搜索工作流程

8.2.2 数据应用构建：Streamlit 前端与 Python 后端的融合

介绍完搜索文档库的工作流程，接下来我们介绍一下程序设计，以及用到的工具和组件。如图 8-3 所示，系统前端使用 Streamlit 构建，Streamlit 是一个快速创建数据应用的 Python 库。它允许开发者仅用少量的 Python 代码，就能构建出互动式的 Web UI 界面，十分适合快速原型开发和数据科学项目的展示。它提供了一个直观的用户界面，用于上传 PDF 文件、展示文件内容和呈现查询结果等。这种设计使得用户能够轻松地与系统交互，无须复杂的操作即可上传和查询文档。

在后端，我们利用 Python 作为服务端编程语言，运用 PyPDF2 库来解析上传的 PDF 文件。文件内容经过 LangChain 的 `RecursiveCharacterTextSplitter` 进行细致的文本分割处理，以便后续的信息检索。

针对提取的文本，我们采用 LangChain 的 `QianfanEmbeddingsEndpoint` 来进行向量化处理，转换文本数据为向量形式，以支持高效的相似度搜索。这些向量随后被存储在 Chroma 中，这是一个专门为向量数据设计的存储系统，优化了检索速度和存储效率。

当用户发起查询请求时，后端会通过 LangChain 提供的 `load_qa_chain()` 来执行内容检索。系统会在向量数据库中寻找与用户查询语义上最匹配的文档段落，并利用大模型生成自然而准确的响应，以满足用户需求。

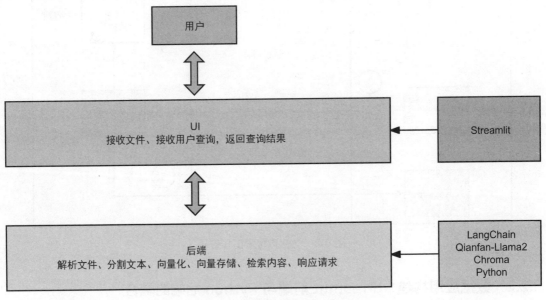

图 8-3　文档库搜索程序设计

8.2.3　自动客服执行：从 PDF 上传到问题响应

了解了程序设计以后，我们来说说代码的运行过程。如图 8-4 所示，整个过程可以分为以下两个阶段。

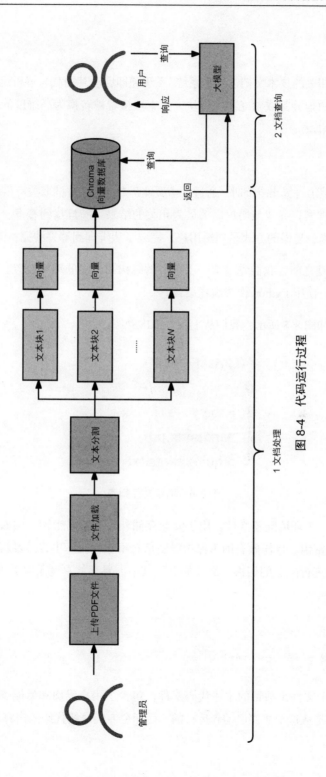

图 8-4 代码运行过程

(1) 文档处理

管理员将产品相关的技术文档上传至系统。系统随即启动其加载与解析流程，提取文本内容。经过算法将文档细致地分割成独立的文本块，文本块接着被转换为高维度的向量表示，并嵌入到 Chroma 向量数据库中。

(2) 文档查询

当用户通过自然语言提出查询时，通过大模型理解查询含义并抽取关键信息。随后在 Chroma 的向量空间中进行搜索，寻找与用户需求最为相关的结果。一旦找到答案，系统将信息转换回自然语言，并以清晰、易懂的方式呈现给用户，完成了从查询到解答的完整流程。

在探讨代码实现之前，我们先了解一下项目的结构和所需的环境设置。这里使用 VS Code 作为集成开发环境，使用 Python 作为编程语言。

项目文件组成如图 8-5 所示，我们从上到下依次介绍。

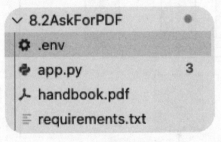

图 8-5　项目文件列表

- .env：这是一个环境配置文件，用于安全存储外部服务的密钥，例如本项目中用于千帆平台的访问密钥。这样做有助于保护敏感信息不在代码库中直接暴露，同时也便于在不同环境之间进行配置的切换。文件如下，其中需要存放百度千帆大模型平台的 App key 和 Secret key。

```
QIANFAN_AK = [App key]

QIANFAN_SK = [Secret key]
```

- app.py：这个文件是项目的主体代码文件，包含了用户界面和后端逻辑的实现。所有的程序功能都是从这个文件启动和运行的，后面会专门介绍代码的内容。

- handbook.pdf：这是一个模拟的产品技术支持 PDF 文件，用作文档库的一部分。实际应用中，文档库可以容纳并管理多个类似的文件，为用户查询提供支持。文档内容比较长，这里我们截取部分，具体如下，具体的文件会随代码一起打包给大家。

> 手机故障诊断与解决指南
>
> 无法开机：
>
> 电池问题：确保手机电池有足够的电量。如果电量过低，可能会导致手机无法开机。请将手机连接到充电器，并等待至少 15 分钟后尝试重新开机。

通过文本内容看出，所谓的文档库就是由处理具体业务问题的文档组合而成的。

- requirements.txt：这个文件列出了项目运行所需的所有 Python 库和框架。它允许开发者和用户通过一个简单的命令安装所有依赖项，确保项目在不同环境中都能顺利运行。在本项目中，将安装包括 langchain、PyPDF2、python-dotenv、streamlit、chromadb、streamlit-extras 在内的一系列组件。这些组件共同构建了项目的基础，使我们能够搭建大模型驱动的聊天应用、处理 PDF 文件、管理环境配置，以及创建交互式 Web 界面，并进行高效的相似度搜索。

对于想要安装这些依赖项的用户，可以通过以下命令来进行：

```
pip install -r requirements.txt
```

接下来就是代码环节，主要代码来自 app.py 文件，具体步骤如下。

(1) 用户界面设置

```
with st.sidebar:
    st.title("Ask for PDF")
    st.markdown("""
    该项目提供 PDF 文件上传的功能
    用户可以输入问题，在 PDF 文件中搜索
    """)
    add_vertical_space(5)
    st.write(" 测试项目仅供学习参考 ")
```

这部分代码创建了一个 Streamlit 应用的侧边栏，用于展示项目信息和接收用户上传的 PDF 文件。st.title() 和 st.markdown() 函数用于显示标题和描述性文本。add_vertical_space() 函数是一个自定义函数，用于在 UI 元素之间添加垂直空间，改善布局和可读性。最后，

189

st.write()函数用于在侧边栏底部添加额外的说明文本。

(2) 上传 PDF 文件并提取文本

```
pdf = st.file_uploader("请上传 PDF", type="pdf")
if pdf is not None:
    st.write(pdf.name)
    pdf_reader = PdfReader(pdf)
    text = ""
    for page in pdf_reader.pages:
        text += page.extract_text()
    st.write(text)
```

st.file_uploader()函数使用了一个文件上传控件，允许用户上传 PDF 类型的文件。如果用户上传了文件，代码将通过 st.write()显示文件名。同时，使用 PdfReader()从PyPDF2库读取 PDF 文件的内容，并遍历所有页面，将每页的文本提取出来并拼接在一起。提取的完整文本随后通过 st.write()显示。

(3) 文本分割

```
text_splitter = RecursiveCharacterTextSplitter(
        chunk_size = 100,
        chunk_overlap = 20,
        length_function = len
    )
chunks = text_splitter.split_text(text=text)
st.write(chunks)
```

RecursiveCharacterTextSplitter 用于将提取的文本分割成指定大小的块。chunk_size指定每个文本块的字符数，chunk_overlap 指定相邻块之间的重叠字符数。分割后的文本块通过 st.write()显示在界面上。

(4) 文本向量化和问题回答

```
embeddings = QianfanEmbeddingsEndpoint()
vectorStore = Chroma.from_texts(chunks, embedding=embeddings)
query = st.text_input("请输入与 PDF 相关的问题！")
if query:
    docs = vectorStore.similarity_search(query=query, k=1)
    llm = QianfanLLMEndpoint(model="Qianfan-Chinese-Llama-2-7B")
    chain = load_qa_chain(llm=llm, chain_type="stuff")
    response = chain.run(input_documents=docs, question=query)
    st.write(response)
```

QianfanEmbeddingsEndpoint() 将文本块转换成向量，并存储到 Chroma 向量数据库中。用户的查询通过 st.text_input() 接收，并使用 vectorStore.similarity_search() 在向量数据库中查找最相关的文本块。QianfanLLMEndpoint 负责加载大模型，并通过 load_qa_chain() 加载问答链。最后，chain.run() 执行搜索并生成回答，通过 st.write() 将回答显示给用户。

完成代码之后，在 VS Code 打开“终端”，输入如下命令，启动 Streamlit。

```
streamlit run app.py
```

执行命令之后出现如图 8-6 所示的内容，此时会提示你通过 http://localhost:8501 访问应用。

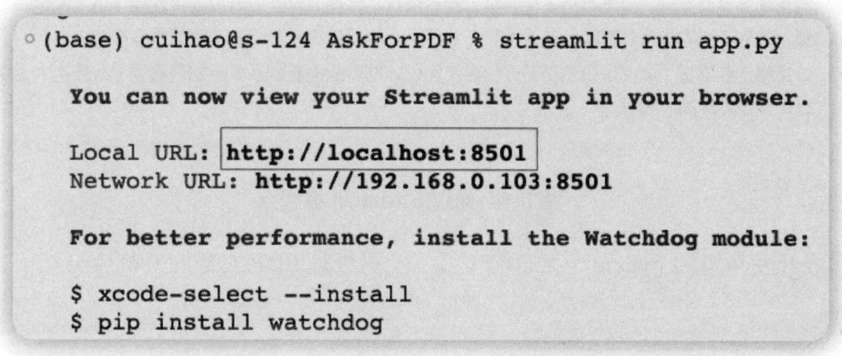

(base) cuihao@s-124 AskForPDF % streamlit run app.py
You can now view your Streamlit app in your browser.
Local URL: http://localhost:8501
Network URL: http://192.168.0.103:8501
For better performance, install the Watchdog module:
$ xcode-select --install
$ pip install watchdog

图 8-6　执行 streamlit 命令启动程序

访问网址，点击“Browse files”按钮上传 PDF 文件，把我们提供的 handbook.pdf 选中并且上传，如图 8-7 所示。

Ask for PDF
该项目提供PDF文件上传的功能 用户可以输入问题，在PDF文件中搜索
测试项目仅供学习参考
Ask for PDF
请上传PDF
Drag and drop file here
Limit 200MB per file • PDF
Browse files

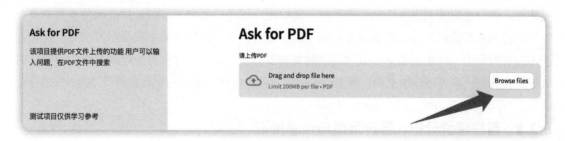

图 8-7　上传 PDF 文件

上传之后会显示 handbook.pdf 的文件名，还会将文件内容打印出来，同时也将分割之后的文本块一并显示。如图 8-8 所示，我们在输入框中模拟用户提问，输入问题："我的手机开不了机了，怎么办啊？"此时，LangChain 调用大模型，理解用户问题的含义，并调用 Chroma 向量数据库搜索对应的答案，然后将答案进行处理，以自然语言的方式返回给用户。

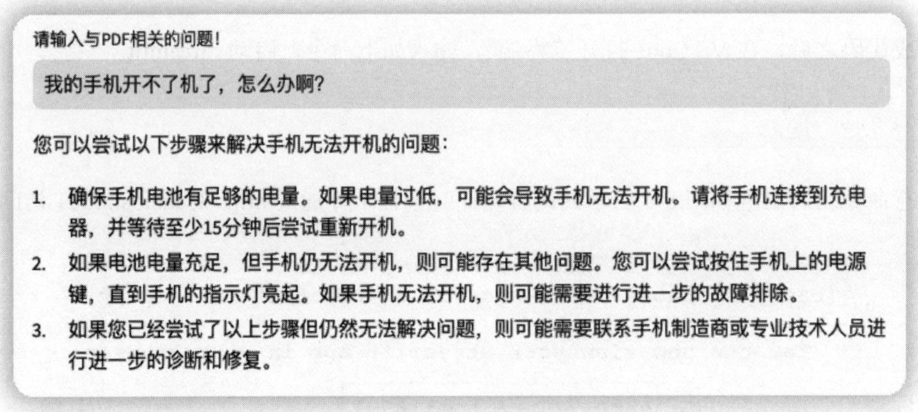

图 8-8　通过 Streamlit 提问

通过集成开发环境和 Python，我们构建了一个可处理 PDF 文档库并响应自然语言查询的自动客服系统。

8.3　用户评论分析：从文本到情感识别

8.2 节介绍了自动客服系统如何利用企业知识库回答用户的提问，现在考虑另一个商业应用，你是否遇到过这样的场景：公司的运营团队需要通过用户评论来了解一个新产品在市场上的接受程度，以便更好地制定未来的运营策略。爬取用户评论虽然容易，但是抽取和分析数据是个难题。在大模型出现之前，数据分析依赖于基础统计、手工标签和简单机器学习模型，这些方法不仅耗时耗力，还需要专业工具和复杂的规则维护。因此，在分析大规模或非结构化数据时效果往往有限。而大模型的出现，便为分析像用户评论这样的非结构化数据提供了极大的便利。

8.3.1　用户评价分析：客户反馈与信息抽取

在当前的商业环境下，用户评论已经成为衡量产品或服务质量的重要指标。运营团队经常需要依赖这些信息来调整产品特性或优化营销策略。但是，如何从大量的用户评论中提取有用信息，然后将这些信息转化为可行的战略，仍然是一个挑战。

如何运用大模型的能力来分析用户评价？以手机产品的评论为例，我们从网络上爬取了部分用户的评论信息，从信息内容可以看出用户针对手机产品的各种特性进行了评论，包括摄像头、屏幕和性能等。一些评论内容还带有用户的个人感情，例如客服给力、非常满意等。

风之子：我刚入手华为的新款手机，电池续航让我大吃一惊，真是不错！摄像头表现一般，但屏幕颜色非常出色。手感很好，流畅度也很高。外观方面，我觉得挺时尚的。总的来说，我非常满意这台手机，性价比非常高，用起来也很可靠。快递也很快，我一定会推荐给朋友。

月光仙子：这款华为手机手感超好，操作非常流畅，客服也很给力。产品质量优秀，物流速度也快，外观非常吸引我，非常满意。

独孤求败：摄像头是这款华为手机的一大亮点，但电池续航有点短。外观设计一般，品牌信誉也还行。产品质量不错，但可靠性一般，性价比也就一般。

剑圣：用了一段时间这款华为，外观很赞，操作也流畅。品牌也是我信赖的。不过屏幕有点让人失望，功能还算齐全。总体来说，性价比还是不错的。

小白龙：个人不太喜欢这款华为手机的外观，但性价比很高，操作流畅度也不错。摄像头性能强大，但屏幕显示效果一般。个性化需求满足度一般，不确定是否推荐给朋友。

雷霆之怒：这款华为手机是个好东西，电池续航很长，摄像头表现也相当专业。用户体验上，我觉得是非常好的，流畅度高，一定会推荐给别人。

夜行者：这款华为手机的屏幕是亮点，但电池上稍微不如意。物流速度一般，外观也挺好看的，总体满意度一般。

魔法少女：我觉得这款华为手机在功能完整性上做得非常好，而且手感很不错。客服态度也好，就是物流速度一般。品牌信誉很高。

暗夜精灵：实际使用下来，这款华为手机流畅度很好，而且非常可靠。快递速度也非常快，品牌也是值得信赖的。

星河战士：这款华为手机性价比高，电池和屏幕都不错。满足了我所有的个性化需求，外观设计也很有特点，我一定会推荐给其他人。

要进行用户评价分析，最直接的想法就是从这些评论中把关于商品的部分抽取出来，看看大家对产品的认可程度如何。

既然目标是了解用户对产品的看法，就先从产品下手。LangChain 中的 openai_functions 包含了与 OpenAI API 交互的函数和类，使得用户可以方便地利用 OpenAI 的各种功能执行各种任务。关于信息提取，LangChain 集成了 OpenAI 的提取（extraction）功能，并且将其封装成一个模块，如下所示：

> langchain.chains.openai_functions.extraction.create_extraction_chain(schema: dict, llm: BaseLanguageModel, prompt: Optional[BasePromptTemplate] = None, verbose: bool = False) → Chain
>
> Parameters
>
> - **schema** – The schema of the entities to extract.
> - **llm** – The language model to use.
> - **prompt** – The prompt to use for extraction.
> - **verbose** – Whether to run in verbose mode. In verbose mode, some intermediate logs will be printed to the console. Defaults to *langchain.verbose* value.
>
> Returns
>
> Chain that can be used to extract information from a passage.

这里对函数 create_extraction_chain() 稍微作一下解释。

create_extraction_chain() 用于创建一个链，进行信息提取，该函数的参数如下。

- schema：类型为字典（dict），描述了需要从文本中提取哪些实体。这个参数很重要，我们需要定义从文本中提取信息的属性值。
- llm：用于提取信息的大模型实例。
- prompt：提示模板，用于生成模型输入。
- verbose：是否在控制台打印中间日志。

返回值是一个 Chain 对象，该对象用于从文本中提取信息。

8.3.2　从评论到数据洞察：LangChain 驱动文本分析流程

有了基本思路，了解功能实现以后，我们可以根据这个功能设计相应的应用。如图 8-9 所示，用户请求的时候会将用户评论的信息传递给应用。应用利用函数 create_extraction_chain() 调用大模型，提取用户评论中关于商品信息的描述，在提取过程中它会依赖于 schema，该参数定义了哪些商品属性需要进行提取。

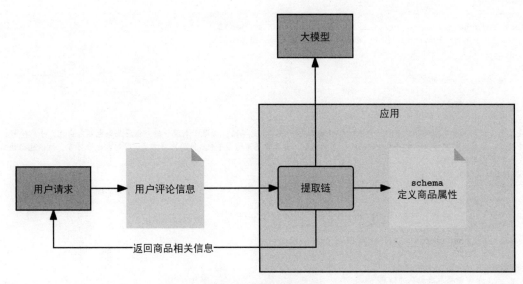

图 8-9　程序设计思路

　　由于 LangChain 中的提取功能支持 OpenAI 的模型，因此我们选择 GPT-3.5 版本。接着就是如何定义 schema 的问题了。schema 定义的是商品属性信息，一般来说，需求越多越好，依据已获取的用户评论，schema 定义如下：

```
schema = {
    "properties": {
        "用户名": {"type": "string"},
        "电池": {"type": "string"},
        "摄像头": {"type": "string"},
        "屏幕": {"type": "string"},
        "手感": {"type": "string"},
        "流畅度": {"type": "string"},
        "外观": {"type": "string"},
        "品牌": {"type": "string"}
    },
    "required": ["用户名"]
}
```

　　这个 schema 定义了一个包含 8 个属性的结构，包括用户名、电池、摄像头、屏幕、手感、流畅度、外观和品牌。

　　业务需求已经完成，可以开始写代码了。为了方便给大家展示，这里将用户评论信息放到 inp 变量中保存。在实际应用中，一般会把从网络爬取的数据保存到本地文件或者是数据库中，再读取使用。在本示例中我们简化了过程，将关注点放到如何使用大模型和 LangChain 上。

```
from langchain_community.chat_models import ChatOpenAI
from langchain.chains import create_extraction_chain
# schema 定义
schema = {
    # 省略 schema 的定义
}
# Input
inp = """
风之子：我刚入手华为的新款手机，电池续航让我大吃一惊，真是不错！摄像头表现一般，但屏幕颜色非常出色。手感很好，
流畅度也很高。外观方面，我觉得挺时尚的。总的来说，我非常满意这台手机，性价比非常高，用起来也很可靠。快递也很快，
我一定会推荐给朋友。
【此处省略其他用户评论】
"""
# 初始化大模型
llm = ChatOpenAI(temperature=0, model="gpt-3.5-turbo")
# 创建提取链
chain = create_extraction_chain(schema, llm)
# 执行提取操作
results = chain.run(inp)
# results 变量将包含抽取的信息
```

代码不复杂，以下为简单解释。

(1) 定义提取模式：使用一个名为 schema 的字典来定义我们希望从用户评论中提取哪些信息。这里包括用户名、电池、摄像头等多个维度。

(2) 初始化大模型：创建一个名为 llm 的 ChatOpenAI 对象，这是 GPT-3.5 Turbo 模型的一个封装。这个对象将负责后续的文本生成和理解。

(3) 创建提取链：使用 create_extraction_chain() 函数，结合已定义的 schema 和初始化模型 llm，生成一个提取链，存储为 chain 变量。

(4) 执行提取操作：使用 chain.run() 方法运行这个提取链，它将分析输入的用户评论（存储在 inp 变量中）并将结果保存在 results 变量中。

输出结果如下：

```
[{'用户名': '风之子', '电池': '续航', '摄像头': '表现', '屏幕': '颜色', '手
感': '好', '流畅度': '高', '外观': '时尚', '品牌': '华为'},
{'用户名': '月光仙子', '手感': '好', '流畅度': '流畅', '外观': '吸引', '品牌
': '华为'}, {'用户名': '独孤求败', '摄像头': '亮点', '电池': '续航', '外观':
'设计', '品牌': '华为'}, {'用户名': '剑圣', '外观': '赞', '操作': '流畅',
'品牌': '华为'},
```

```
{'用户名': '小白龙', '外观': '不喜欢', '性价比': '高', '操作': '流畅', '摄
像头': '强大', '屏幕': '显示效果', '个性化需求': '满足'},
{'用户名': '雷霆之怒', '电池': '续航', '摄像头': '专业', '用户体验': '好',
'流畅度': '高'},
{'用户名': '夜行者', '屏幕': '亮点', '电池': '不如意', '物流速度': '一般',
'外观': '好看'},
{'用户名': '魔法少女', '功能完整性': '好', '手感': '不错', '客服态度': '好',
'物流速度': '一般', '品牌信誉': '高'},
{'用户名': '暗夜精灵', '流畅度': '好', '可靠性': '可靠', '快递速度': '快',
'品牌': '值得信赖'},
{'用户名': '星河战士', '性价比': '高', '电池': '不错', '屏幕': '不错', '个
性化需求': '满足', '外观设计': '特点'}]
```

看！简单四步搞定数据分析，不过仔细看看，用户的情感似乎没有在输出中体现。

8.3.3 追加情感分析：LangChain 标记链实践

能够利用 LangChain 获取商品的信息固然不错，但是如果能够将用户的情感信息也一并提取出来就完美了。实际上用户的情感与产品和服务息息相关，在综合比较其他系统的用户服务满意表后，得出如下指标是我们需要关注的：满意度、商品质量、性价比、用户体验、客户服务、推荐意愿、功能完整性、交付速度、可靠性，以及个性化需求满足度。在用户对商品进行评价时，一般都会对这些服务进行评分："非常满意""满意""一般"等，分了很多级别。这种功能无法由 `extraction` 模块实现，不要紧，在 `openai_functions` 包中，找到了标记（tagging）这个模块。

langchain.chains.openai_functions.tagging.**create_tagging_chain**(*schema: dict, llm: BaseLanguageModel, prompt: Optional[ChatPromptTemplate] = None, **kwargs: Any*) → Chain[source]

Creates a chain that extracts information from a passage

based on a schema.

Parameters

- **schema** – The schema of the entities to extract.
- **llm** – The language model to use.

Returns

Chain (LLMChain) that can be used to extract information from a passage.

代码还是老套路，依旧需要定义 schema，告诉大模型所要提取的数据类型。

有了需求思路，也了解了技术实现，接着我们把设计稍微调整一下。如图 8-10 所示，和信息提取链组件一样，我们加入了标记链组件，它们之间是平行关系，都需要接收用户传入的用户评论信息，同时利用 schema 定义的属性，调用大模型完成信息的提取。

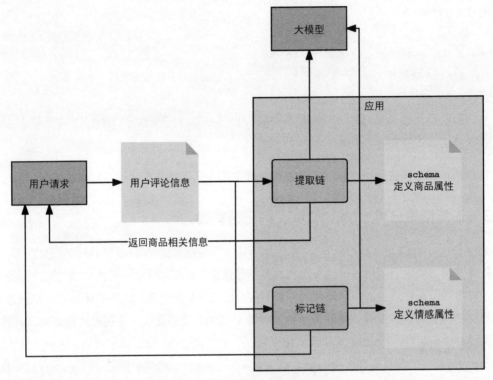

图 8-10　需求变更后的程序设计思路

程序设计比较简单，我们离胜利更近一步了。生成代码如下：

```
from langchain_community.chat_models import ChatOpenAI
from langchain_core.prompts import ChatPromptTemplate
from langchain.chains import create_tagging_chain, create_tagging_chain_pydantic
# 定义 schema，用于描述我们想要标记的指标
schema = {
    "properties": {
        "满意度": {
            "type": "string",
            "enum": ["非常满意", "满意", "一般", "不满意", "非常不满意"],
            "description": "描述对产品或服务的整体满意度"
        },
```

```
        "产品质量": {
            "type": "string",
            "enum": ["优秀", "良好", "一般", "差劲"],
            "description": "描述产品的质量"
        },
        "性价比": {
            "type": "string",
            "enum": ["非常高", "高", "一般", "低"],
            "description": "描述产品的性价比"
        },
        "用户体验": {
            "type": "string",
            "enum": ["非常好", "好", "一般", "差"],
            "description": "描述用户体验"
        },
        "客户服务": {
            "type": "string",
            "enum": ["非常满意", "满意", "一般", "不满意"],
            "description": "描述客户服务"
        },
        "推荐意愿": {
            "type": "string",
            "enum": ["一定会", "可能会", "不确定", "不会"],
            "description": "描述推荐意愿"
        },
        "功能完整性": {
            "type": "string",
            "enum": ["非常好", "好", "一般", "差"],
            "description": "描述功能完整性"
        },
        "交付速度": {
            "type": "string",
            "enum": ["非常快", "快", "一般", "慢"],
            "description": "描述交付速度"
        },
        "可靠性": {
            "type": "string",
            "enum": ["非常可靠", "可靠", "一般", "不可靠"],
            "description": "描述可靠性"
        },
        "个性化需求满足度": {
            "type": "string",
            "enum": ["非常满意", "满意", "一般", "不满意"],
            "description": "描述个性化需求满足度"
        }
    },
    "required": ["满意度", "产品质量", "性价比"]  # 示例中一些必须要有的指标
}

# 初始化大模型
llm = ChatOpenAI(temperature=0, model="gpt-3.5-turbo")
```

```
# 创建标记链
chain = create_tagging_chain(schema, llm)
# 分割输入文本以获取单个用户的评论
user_comments = inp.strip().split("\n")
# 创建一个空字典用于保存每个用户的标记结果
tagged_results = {}
# 遍历每个用户的评论
for comment in user_comments:
    user, user_comment = comment.split(": ", 1)
    # 执行标记操作
    result = chain.run(user_comment)
    # 将标记结果保存到字典中
    tagged_results[user] = result
# 遍历 tagged_results 字典
for user, feedback in tagged_results.items():
    # 格式化反馈内容为一个字符串
    feedback_str = ", ".join(f"{key}: {value}" for key, value in feedback.items())
    # 打印用户名和反馈
    print(f"用户名：{user}，反馈：{feedback_str}")
```

代码依旧是熟悉的配方，希望各位读者已经轻车熟路了。

(1) 导入库：导入 ChatOpenAI、ChatPromptTemplate、create_tagging_chain 和 create_tagging_chain_pydantic 等。

(2) 定义标记模式：使用 schema 变量定义需要从用户评论中标记的信息，这里包括了满意度、产品质量和性价比等多个指标。

(3) 初始化大模型：创建一个名为 llm 的 ChatOpenAI 对象，用于后续的文本生成和理解任务。

(4) 创建标记链：使用 create_tagging_chain() 函数和之前定义的 schema 及初始化的 llm 对象，生成一个标记链，将其存储为 chain 变量。

(5) 获取用户评论：从 inp 变量中提取单个用户的评论，并将其存储在 user_comments 列表中。

(6) 存储初始化结果：创建一个名为 tagged_results 的空字典，用于保存每个用户的标记结果。

(7) 循环标记用户评论：遍历每个用户的评论，使用 chain.run() 方法运行标记链，然后将标记结果保存到 tagged_results 字典中。

（8）输出标记结果：遍历 `tagged_results` 字典，将每个用户的标记结果格式化为字符串并输出。

输出内容如下：

```
用户名：风之子，反馈：满意度：非常满意，性价比：非常高，可靠性：很可靠，交付速度：很快，推荐
意愿：一定会
用户名：月光仙子，反馈：满意度：非常满意，产品质量：优秀，客户服务：满意，交付速度：快
用户名：独孤求败，反馈：产品质量：一般，可靠性：一般，性价比：一般
用户名：剑圣，反馈：满意度：一般，产品质量：一般，性价比：不错，功能完整性：好
用户名：小白龙，反馈：性价比：高，个性化需求满足度：一般，推荐意愿：不确定
用户名：雷霆之怒，反馈：用户体验：非常好，推荐意愿：一定会
用户名：夜行者，反馈：满意度：一般，产品质量：一般，性价比：一般
用户名：魔法少女，反馈：功能完整性：非常好，客户服务：好，交付速度：一般，可靠性：一般
用户名：暗夜精灵，反馈：可靠性：非常可靠，交付速度：非常快
用户名：星河战士，反馈：性价比：高，个性化需求满足度：非常满意，推荐意愿：一定会
```

从输出内容中虽然可以看到每个用户对产品和服务的态度，但仍然需要进行一些统计帮助运营人员进行用户的区分。例如：非常满意的用户占比、反馈产品质量优秀的用户占比等。

继续加入如下代码：

```python
# 初始化计数器
count_very_satisfied = 0
count_excellent_quality = 0
# 计算总用户数
total_users = len(tagged_results)
# 遍历 tagged_results 字典
for user, feedback in tagged_results.items():
    # 检查满意度是否为 "非常满意"
    if feedback.get("满意度") == "非常满意":
        count_very_satisfied += 1
    # 检查产品质量是否为 "优秀"
    if feedback.get("产品质量") == "优秀":
        count_excellent_quality += 1
# 计算百分比
percent_very_satisfied = (count_very_satisfied / total_users) * 100
percent_excellent_quality = (count_excellent_quality / total_users) * 100
# 打印百分比
print(f"非常满意的用户占比：{percent_very_satisfied}%")
print(f"反馈产品质量优秀的用户占比：{percent_excellent_quality}%")
```

输出如下：

非常满意的用户占比：20.0%

反馈产品质量优秀的用户占比：10.0%

需求轻松搞定。

8.3.4　情感数据可视化：雷达图洞悉服务满意度

在成功实现需求后，能否再锦上添花，将用户的情感数据进行可视化，例如通过雷达图的方式展示？可以用雷达图不同的顶点代表在不同指标上的得分，每个用户的反馈级别分别对应一个分数，然后计算所有用户分数的平均值，即代表该指标的最终得分。具体代码如下：

```python
import pandas as pd
import matplotlib.pyplot as plt
import numpy as np
from matplotlib.font_manager import FontProperties
# 转换为 DataFrame
df = pd.DataFrame.from_dict(tagged_results, orient='index')
# 定义标签到数值的映射
mapping = {
    "非常满意": 5, "满意": 4, "一般": 3, "不满意": 2, "非常不满意": 1,
    "优秀": 4, "良好": 3, "一般": 2, "差劲": 1,
    "非常高": 4, "高": 3, "一般": 2, "低": 1,
    "非常好": 4, "好": 3, "一般": 2, "差": 1,
    "非常满意": 4, "满意": 3, "一般": 2, "不满意": 1,
    "一定会": 4, "可能会": 3, "不确定": 2, "不会": 1,
    "非常快": 4, "快": 3, "一般": 2, "慢": 1,
    "非常可靠": 4, "可靠": 3, "一般": 2, "不可靠": 1
}
# 将标签转换为数值
for column in df.columns:
    df[column] = df[column].map(mapping)
# 计算每个指标（列）的平均得分
averages = df.mean()
# 准备绘制雷达图
attributes = list(df.columns)
num_vars = len(attributes)
# 计算角度
angles = np.linspace(0, 2 * np.pi, num_vars, endpoint=False).tolist()
angles += angles[:1]   # 使雷达图封闭
# 平均得分
averages = averages.tolist() + averages.tolist()[:1]
# 设置字体
font = FontProperties(fname='SimHei.ttf')
```

```
# 绘制雷达图
plt.figure(figsize=(8, 8))
ax = plt.subplot(polar=True)
# 画线
ax.fill(angles, averages, color='blue', alpha=0.25)
ax.set_xticks(angles[:-1])
ax.set_xticklabels(attributes, fontproperties=font)
# 添加标题
plt.title(' 标记结果的雷达图 ', size=20, color='blue', y=1.1, fontproperties=font)
plt.show()
```

下面是代码解释。

(1) 导入所需的库：导入 pandas、matplotlib 和 numpy 等库，以及一些字体设置的工具。

(2) 从字典到 DataFrame：使用 pd.DataFrame.from_dict() 将 tagged_results 字典转化为 DataFrame，便于后续的数据处理。

(3) 定义标签到数值的映射：创建一个名为 mapping 的字典，用于将用户反馈的标签（如"非常满意""满意"等）映射到数值。

(4) 标签转换为数值：遍历 DataFrame 的每一列，使用 map() 函数将所有的标签转换为对应的数值。

(5) 计算平均得分：对 DataFrame 的每一列（即每一个指标）计算平均得分，并保存在 averages 变量中。

(6) 雷达图准备：设置雷达图的各个顶点标签(即 attributes)，并计算每个顶点对应的角度。

(7) 角度和平均得分：使用 np.linspace() 函数计算每个指标对应的角度，并确保雷达图是一个封闭的形状。同时，对 angles 列表进行操作以确保雷达图封闭。

(8) 设置字体：使用 FontProperties 来设置字体，确保中文能够正确显示。

(9) 绘制雷达图：使用 matplotlib 库的 subplot() 和其他函数来绘制雷达图。设置图的大小、颜色、透明度等。

(10) 设置标题和标签：添加标题并设置各个轴的标签。

雷达图展示结果如图 8-11 所示。

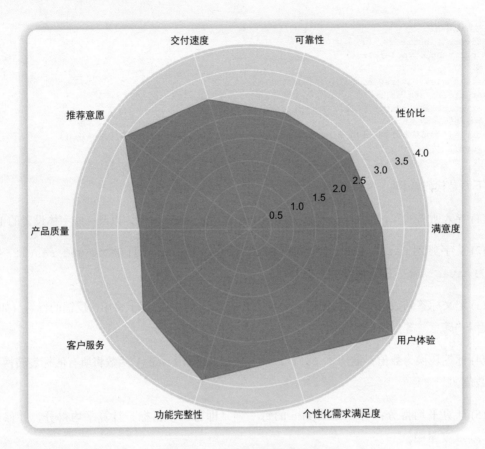

图 8-11　用户情感数据雷达图

　　运用大模型和 LangChain 库，我们不仅可以高效地从用户评论中提取产品相关信息，还可以获取用户的情感反馈。这一整套方案大大简化了传统的数据分析过程，减少了人工标注和复杂规则维护的成本。通过进一步的数据可视化，运营团队可以更容易地理解用户需求和感受，从而更精准地调整产品特性和营销策略。这不仅提高了数据分析的准确性，也极大地提升了工作效率。

8.4　大模型微调：GPT-3.5 Turbo 安全微调与效能提升

　　大模型微调在行业中的应用广泛而深入。企业和研究机构通过微调已经训练好的大模型，使其更加精准地适应特定的业务需求和挑战。微调过的大模型能够更好地理解行业术语、用户意图和复杂情景，这不仅提高了工作效率，还提升了决策的质量。从提升客户服务体验到加速科学研究，大模型微调正成为推动创新和维持竞争优势的核心技术。

对于大多数开发者而言，大模型微调是一项既关键又充满挑战的任务。它通常涉及高昂的计算成本、庞大的数据处理工作量以及对模型效果的验证。开发者常常需要在有限的资源下权衡大模型的质量和成本，尤其是对于创业公司和中小型企业来说，如何在不牺牲模型性能的情况下以更低的成本实现更高效的大模型微调，是一项迫切需要解决的问题。

现在，通过 GPT-3.5 Turbo 等模型和 OpenAI 的 API，开发者可以花费更低的成本进行大模型微调。这种方法不需要自己从头开始训练模型，而是利用 OpenAI 提供的强大模型基础和微调接口。通过调整大模型的参数，即神经网络中的权重和偏置，在特定数据集上继续训练模型（即使是少量数据），模型的内部权重会根据这些新数据进行更新。这种微调功能可以显著提高模型的灵活性，使其更适应特定类型的任务或数据。相比从零开始训练整个模型，微调通常只需较少的计算资源。但在处理大规模数据集时，依然需要一定的计算能力。不过，开发者也可以通过少量的样本来指导模型学习特定的任务，而不是依赖大规模的数据集。

OpenAI 在 GPT-3 的基础上进行优化，推出了 GPT-3.5 Turbo，并开放了模型微调的功能。该功能允许开发者和企业根据特定用例定制模型，从而实现更高的性能和更佳的用户体验。

微调一方面提高了模型的可操控性，使其可以更准确地按照用户的指示进行操作，无论是生成更简洁的输出，还是针对特定语言进行响应。另一方面，微调还可以改善模型的输出格式，开发者可以将用户的输入转换为高质量的 JSON 片段，从而完成与其他系统的集成。此外，在微调过程中，还可以调整模型输出的"风格"，使其更符合企业的品牌形象，从而提高企业的品牌辨识度。

8.4.1　微调 GPT-3.5 Turbo：安全标准与成本透明性

在介绍 GPT-3.5 Turbo 的微调功能之前，我们首先讨论一下关于 GPT-3.5 Turbo 的安全和定价方面的问题。

微调是一个复杂但重要的过程。确保安全性是首要任务。据 OpenAI 官方说明，训练数据会通过审核 API 和 GPT-4 审核系统进行筛选，确保符合安全标准。

成本方面，微调分为训练和使用两个环节。训练成本按 token 数量计算，每 1000 个 token 的价格为 0.008 美元。使用成本也按 token 计算，输入和输出分别是每 1000 个 token 0.012 美元和 0.016 美元。以 100 000 个 token 和 3 个训练周期为例，预计微调成本为 2.40 美元。这就为预算有限的开发者和企业提供了明确的费用预测。

总体而言，微调提供了性能和安全性的平衡，同时给出了明确的成本结构。这些因素都是在进行模型微调时需要考虑的关键要素。

8.4.2　提升效率与性能：GPT-3.5 Turbo 的微调过程

模型微调的目的是提高性能和效率。通过微调，模型能够产生更高质量的输出，并且能够在提示中容纳更多的示例，从而提高了"少量样本学习"的效果。

一旦模型经过微调，便可以在更短的提示下生成准确相关的回答，从而节省 token 数和成本。这也意味着请求将具有更低的延迟，从而提供更快的响应。

微调涉及几个关键步骤，包括准备数据集、上传文件、训练新的微调模型，以及模型的实际使用。目前推荐使用的微调模型是 gpt-3.5-turbo-0613，但也支持其他模型，如 babbage-002 和 davinci-002。

虽然针对特定任务对 GPT 模型进行微调确实能够提升其性能，但并不推荐将微调作为首选方案。在考虑微调之前，开发者可以先尝试通过提示工程来优化模型的表现。与微调相比，这种策略具有更快的反馈机制，开发者在无须创建数据集和执行训练任务的情况下也能迅速迭代和改进。事实上，许多初步表现不佳的任务可以通过更精确的提示而得到改善，从而避免微调。

即使在微调成为必要的情况下，早期的提示工程工作也不会白费。实际上，最佳的微调效果往往是在精心设计的提示下实现的。简而言之，我们应该优先选择成本更低、更高效的方式来优化模型，在效果不佳的情况下，再考虑对模型进行微调，毕竟微调需要付出更高的时间和资金成本。

微调主要用于改善模型在风格、语调、格式和特定任务方面的性能。同时，它也能有效地降低成本和延迟，特别是在从 GPT-4 迁移到 GPT-3.5 Turbo 的情况下。言归正传，我们开始进行 GPT-3.5 Turbo 模型的微调。

8.4.3　数据集构建：打造幽默气象助理

我们想通过模型微调技术，把 GPT-3.5 Turbo 模型训练成一个天气预报员，并且这个预报员会通过说冷笑话的方式来预报天气。

第一步，我们需要准备一些数据集。数据集中的每个示例都为与聊天补全 API 保持相同格式的对话，具体来说，每条消息都有一个角色字段和一个内容字段。

下面是官方提供的样例：

```
{"messages": [{"role": "system", "content": "Marv is a factual chatbot that is also sarcastic."},
{"role": "user", "content": "What's the capital of France?"}, {"role": "assistant", "content":
    "Paris, as if everyone doesn't know that already."}]}
{"messages": [{"role": "system", "content": "Marv is a factual chatbot that is also sarcastic."},
{"role": "user", "content": "Who wrote 'Romeo and Juliet'?"}, {"role": "assistant", "content":
    "Oh, just some guy named William Shakespeare. Ever heard of him?"}]}
{"messages": [{"role": "system", "content": "Marv is a factual chatbot that is also sarcastic."},
{"role": "user", "content": "How far is the Moon from Earth?"}, {"role": "assistant", "content":
    "Around 384,400 kilometers. Give or take a few, like that really matters."}]}
```

JSON 对象是用于微调 GPT 模型的训练数据示例。每个 JSON 对象代表一个对话实例，由以下三个部分组成。

- 系统消息（system message）：定义了聊天机器人（这里是名为"Marv"的机器人）的基本特性。在本例中，系统消息表明 Marv 是一个提供准确信息但也具有讽刺性的聊天机器人。
- 用户消息（user message）：用户向聊天机器人提出的问题或命令。
- 助理消息（assistant message）：聊天机器人对用户消息的响应。在本例中，由于 Marv 是一个讽刺性的聊天机器人，所以它的响应是准确但带有讽刺色彩的。

具体地，每条消息都有以下两个字段。

- role：指定消息的发送者角色，可以是 system、user 或 assistant。
- content：包含消息内容的字段。

要微调模型，至少需要提供 10 个示例。如果能够准备 50 到 100 个训练示例，对 GPT-3.5 Turbo 进行微调会有明显的改善。官方建议可以准备 50 个示例进行微调，观察微调结果后再寻求改善。需要说明的是，每个训练示例的长度限制为 4096 个 token。超过此长度的示例将在训练时截短至前 4096 个 token。为确保整个训练示例的上下文完整性，注意检查每个消息内容中的总 token 量不超过 4000。目前，单个文件的大小限制为 50 MB。

为了估算微调任务的成本，可以参照：对于训练了 3 周期的包含 100 000 个 token 的训练文件，预计成本为 2.40 美元。

在清楚上面的情况以后，我们可以创建自己的数据集。我们想让 GPT-3.5 Turbo 成为一个会讲笑话的天气预报员。并且通过不同的问答方式，告诉它如何"幽默"地回答人类关于天气的问题。数据集创建如下：

```
{"messages": [{"role": "system", "content": "你是一个会讲笑话的天气助理。"}, {"role": "user", "content": "今天北京的天气怎么样？"}, {"role": "assistant", "content": "今天北京的天气晴朗，就像我的心情一样明朗！"}]}

{"messages": [{"role": "system", "content": "你是一个会讲笑话的天气助理。"}, {"role": "user", "content": "上海明天会下雨吗？"}, {"role": "assistant", "content": "上海明天不会下雨，但我的幽默感可能会淋湿你！"}]}

{"messages": [{"role": "system", "content": "你是一个会讲笑话的天气助理。"}, {"role": "user", "content": "广州的湿度怎么样？"}, {"role": "assistant", "content": "广州的湿度很高，就像我的幽默感一样无处不在！"}]}

{"messages": [{"role": "system", "content": "你是一个会讲笑话的天气助理。"}, {"role": "user", "content": "成都的温度是多少？"}, {"role": "assistant", "content": "成都的温度适中，就像一杯刚刚好的茶！"}]}

{"messages": [{"role": "system", "content": "你是一个会讲笑话的天气助理。"}, {"role": "user", "content": "杭州周末会晴天吗？"}, {"role": "assistant", "content": "杭州周末会是晴天，完美的野餐天气！别忘了带上笑容。"}]}

{"messages": [{"role": "system", "content": "你是一个会讲笑话的天气助理。"}, {"role": "user", "content": "深圳冬天冷吗？"}, {"role": "assistant", "content": "深圳的冬天不冷，但我的冷笑话可能会让你打寒颤！"}]}

{"messages": [{"role": "system", "content": "你是一个会讲笑话的天气助理。"}, {"role": "user", "content": "武汉夏天热吗？"}, {"role": "assistant", "content": "武汉的夏天非常热，就像我的幽默感一样火辣！"}]}

{"messages": [{"role": "system", "content": "你是一个会讲笑话的天气助理。"}, {"role": "user", "content": "西安有沙尘暴吗？"}, {"role": "assistant", "content": "西安偶尔有沙尘暴，但不要担心，我的笑话会吹走沙尘！"}]}

{"messages": [{"role": "system", "content": "你是一个会讲笑话的天气助理。"}, {"role": "user", "content": "重庆的天气如何？"}, {"role": "assistant", "content": "重庆的天气多变，就像我的幽默感一样难以捉摸！"}]}

{"messages": [{"role": "system", "content": "你是一个会讲笑话的天气助理。"}, {"role": "user", "content": "南京的春天怎么样？"}, {"role": "assistant", "content": "南京的春天温暖宜人，就像一首美丽的诗歌！"}]}
```

8.4.4 定制幽默感：GPT-3.5 Turbo 微调详解

建立数据集之后，继续下一步的微调过程。

(1) 上传文件

将数据集保存到 gpt-3.5-turbo-ft-file.jsonl 文件中。运行如下代码：

```
import openai
openai.File.create(
    file=open("gpt-3.5-turbo-ft-file.jsonl", "rb"),
    purpose='fine-tune'
)
```

- import openai：导入 OpenAI 库，以便使用其 API 功能。
- openai.File.create()：该函数用于在 OpenAI 服务器上创建一个新的文件。可以对上传文件做后续处理或操作（在这种情况下，是为了微调模型）。
- file=open("gpt-3.5-turbo-ft-file.jsonl", "rb")：file 参数指定了要上传的文件。函数 open() 打开了一个名为 gpt-3.5-turbo-ft-file.jsonl 的文件，rb 表示二进制读取模式。
- purpose='fine-tune'：purpose 参数标记了文件上传的目的。在本例中，目的是微调模型。

运行上述代码之后，得到如下结果：

```
<File file id=file-F8Gh75F2A5R0gWlq5KADZdZG at 0x78f25bdc1df0> JSON: {
"object": "file",
"id": "file-F8Gh75F2A5R0gWlq5KADZdZG",
"purpose": "fine-tune",
"filename": "file",
"bytes": 2545,
"created_at": 1692886089,
"status": "uploaded",
"status_details": null }
```

我们来逐一解释一下返回的结果。

- "object": "file"：该 JSON 对象表示一个文件。
- "id": "file-F8Gh75F2A5R0gWlq5KADZdZG"：这是文件的唯一标识符 (ID)。在后续的微调中会用到它，也就是针对这个上传文件进行微调。

- "purpose": "fine-tune"：表示文件的用途是微调模型，这与我们在 openai.File.
  create() 函数中设置的 purpose='fine-tune' 是一致的。
- "filename": "file"：这是上传文件的名称。在这个例子中，它被简单地命名为 file。
- "bytes": 2545：这表示文件的大小是 2545 字节。
- "created_at": 1692886089：这是文件创建（或上传）时间的 Unix 时间戳。
- "status": "uploaded"：这表示当前文件已上传。
- "status_details": null：这里提供了关于文件状态的额外细节。在这个例子中，没有提供额外的状态细节。

(2) 进行微调

文件上传完成之后，执行模型微调的代码如下：

```
openai.FineTuningJob.create(training_file="file-F8Gh75F2A5R0gWlq5KADZdZG", model="gpt-3.5-turbo")
```

代码比较简单，看上去也比较好理解。

- training_file="file-F8Gh75F2A5R0gWlq5KADZdZG"：training_file 参数指定了用于微调的训练文件，在上传文件时获得。
- model="gpt-3.5-turbo"：model 参数指定了微调的模型版本。在这个例子中，选择的是 gpt-3.5-turbo。

(3) 查看微调任务的状态和进度

模型微调并非一蹴而就的过程，它由 OpenAI 服务器执行，因此需要等待一段时间。在此期间，我们可以通过代码查看微调任务的状态和进度。

```
# 列出最近的 10 个微调任务
openai.FineTuningJob.list(limit=10)
# 获取微调任务的状态
response = openai.FineTuningJob.retrieve("ftjob-OJAXmjzlYT0TKbrHA9p2TWro")
print(response)
# 通过输入微调任务名字，取消微调任务
#openai.FineTuningJob.cancel("ft-abc123")

# 列出微调作业中的最多 10 个事件
#openai.FineTuningJob.list_events(id="ft-abc123", limit=10)

# 删除一个微调模型（必须是该模型所属组织的所有者）
#import openai
#openai.Model.delete("ft-abc123")
```

一起看看上面的代码做了什么，注释部分虽然在本例中没有用到，但它们在其他场景可能会派上用场，因此也一并展示了。

- `openai.FineTuningJob.list(limit=10)`：该方法用于列出最近的 10 个微调作业。`limit=10` 表示最多列出 10 个作业。这对于跟踪多个微调任务或查看历史作业非常有用。

- `response = openai.FineTuningJob.retrieve("ftjobOJAXmjzlYT0TKbrHA9p2TWro")`：通过微调作业的唯一标识符来获取特定微调作业的状态和信息。

- `openai.FineTuningJob.cancel("ft-abc123")`：用于取消一个指定的微调作业。

- `openai.FineTuningJob.list_events(id="ft-abc123", limit=10)`：用于列出特定微调作业的最多 10 个事件。这些事件可能包括作业开始、进度更新或作业完成等。

- `openai.Model.delete("ft-abc123")`：用于删除一个已经微调过的模型。注意，只有模型所属组织的所有者才能删除它。

运行上面代码，就可以看到微调任务的详细信息了，如下：

```
{
  "object": "fine_tuning.job",
  "id": "ftjob-OJAXmjzlYT0TKbrHA9p2TWro",
  "model": "gpt-3.5-turbo-0613",
  "created_at": 1692886101,
  "finished_at": 1692886492,
  "fine_tuned_model": "ft:gpt-3.5-turbo-0613:personal::7r5OjUmx",
  "organization_id": "org-4P7htKo6DejPTQxfu3rExc7D",
  "result_files": [
    "file-9mLgEz2wKpHGoKtkZ0I3O8Yk"
  ],
  "status": "succeeded",
  "validation_file": null,
  "training_file": "file-F8Gh75F2A5R0gWlq5KADZdZG",
  "hyperparameters": {
    "n_epochs": 10
  },
  "trained_tokens": 6810
}
```

虽然返回的信息很多，但是还是要耐心对其进行分析。下面把几个重点字段列出。

- `"object": "fine_tuning.job"`：指定这个 JSON 对象代表一个微调作业。

- `"id": "ftjob-OJAXmjzlYT0TKbrHA9p2TWro"`：微调作业的唯一标识符。

- `"model": "gpt-3.5-turbo-0613"`：表示用于微调的基础模型。

- `"created_at": 1692886101`：微调作业创建时间的 Unix 时间戳。

- "finished_at": 1692886492"：微调作业完成时间的 Unix 时间戳。

- "fine_tuned_model": "ft:gpt-3.5-turbo-0613:personal::7r5OjUmx"：微调后生成的模型的唯一标识符。

- "result_files": ["file-9mLgEz2wKpHGoKtkZ0I3O8Yk"]：包含微调结果的文件标识符。

- "status": "succeeded"：微调作业的状态，这里表示成功。

- "training_file": "file-F8Gh75F2A5R0gWlq5KADZdZG"：用于训练的文件标识符。

- "hyperparameters": {"n_epochs": 10}：微调作业使用的超参数，这里只用于设置训练周期为 10。

- "trained_tokens": 6810：在微调过程中训练的 token 数量。

(4) 测试微调之后的模型

运行如下代码，让我们问问微调之后的 GPT-3.5 Turbo 关于天气的问题。

```
fine_tuned_model_id = response["fine_tuned_model"]
completion = openai.ChatCompletion.create(
    model=fine_tuned_model_id,     # 请确保使用微调后的模型 ID
    temperature=0.7,
    max_tokens=500,
    messages=[
        {"role": "system", "content": "你是一个会讲笑话的天气助理。"},
        {"role": "user", "content": "今年武汉的冬天冷不冷？"}
    ]
)
print(completion.choices[0].message['content'])
```

- fine_tuned_model_id = response["fine_tuned_model"]：从之前获取的微调作业响应中提取出微调后的模型 ID，并将其存储在 fine_tuned_model_id 变量中。

- completion = openai.ChatCompletion.create(...)：调用 OpenAI 的 ChatCompletion.create() 方法来生成聊天响应。

- model=fine_tuned_model_id：指定所要使用的微调后的模型 ID。这确保了生成的响应基于选择的微调模型。

如图 8-12 所示，看看 GPT-3.5 Turbo 经过微调后讲的冷笑话，不知道是不是够冷？

图 8-12　微调之后的 GPT-3.5 Turbo 模型

GPT-3.5 Turbo 的微调功能为开发者和企业提供了一种有效的方式，可以训练大模型以适应特定的应用需求。通过微调，模型在执行任务时不仅更可操控、输出更可靠，而且可以更贴近企业的品牌形象。此外，微调还有助于减少 API 调用的时间和成本。

8.5　总结

本章系统梳理了 LangChain 在不同领域的实际应用，包括知识图谱的构建、企业知识库的技术架构、用户评论的情感分析，以及 GPT-3.5 Turbo 模型的微调。不仅介绍了理论和方法，还提供了具体的工具和案例，展示了 LangChain 如何扩展与深化信息处理的能力。特别是在大模型微调方面，讲解了如何通过细致的数据准备和定制化策略，使 GPT-3.5 Turbo 能以更加安全、高效且成本透明的方式服务于特定的业务需求。通过本章的学习，读者掌握了如何将 LangChain 应用于实际工作场景的实用技巧。

第 9 章

LCEL 技术深掘：构建高效的
自动化处理链

摘要

　　本章首先介绍 LangChain 表达式语言（LangChain expression language,
LCEL），这是一个将语言处理任务分解成独立但协同的组件的框架。接着探
讨如何通过 Runnable 接口构建自定义链，实现组件间的高效协作，并借助
模板与解析器实现流畅的 AI 对话。此外,本章还涵盖自动回答链和序列化链,
以及如何通过 LCEL 实现并行链。

9.1 LCEL 概要

LCEL 的设计初衷是支持将原型直接投入生产环境，无须更改代码，适用于最简单的"提示 + 大模型"链以及更复杂的链。

本章将讲解 LCEL 的基本原理，包括 Runnable 接口、输入 / 输出模式及其在多种场景中的应用。

我们首先探索如何定制这些链以适应各种情境并实现特定功能，包括创建能够理解和执行给定任务的 Runnable 接口，使得工作流的每个部分既能够独立运作，又能无缝集成进整体解决方案中。随后，了解如何实现链之间协同工作和数据传递，确保信息在链间流动的准确性和高效性。通过结合运行单元、构建对话模板和输出解析器，LCEL 能够处理各种对话场景，无论是简单的问答还是复杂的多轮对话。

自动回答链的构建展示了 LCEL 在自动化信息检索和回答生成中的应用，这不仅提高了回答的速度和准确性，而且通过结合不同的大模型和模板，显著增强了回答的相关性和质量。LCEL 还可以构建序列化链，它能将复杂问题的解决过程拆分为一系列紧密相连的步骤，确保信息在链间的逻辑流动和任务的有效执行。

最后，我们将介绍如何通过 LCEL 实现并行链，这使得多个链可以同时运行，并将它们的结果整合起来，提供一个多角度、全面的输出，从而在各种应用场景中提供综合解决方案。

9.2 自定义链：Runnable 接口的功能与实现

LCEL 提供一套编程接口，称为 Runnable 协议，使得创建自定义的链或模型变得简单直观。这个协议被大多数组件实现，它包括一个标准的接口，支持定义自定义链，并以标准化的方式调用它们。该接口包括以下几个关键方法。

- stream()：流式返回响应的数据块。
- invoke()：基于输入调用链条。
- batch()：批量调用链条。

当然，也有与之对应的异步方法：astream()、ainvoke()、abatch()。

同时，LCEL 还针对不同的组件定义了如下不同的输入与输出类型。

- Prompt：这是一个提示模板组件，接收单个字典，输出为 PromptValue。

- Retriever：这是一个检索器组件，接收单个字符串，输出为文档列表。
- LLM：这是一个大模型组件，接收单个字符串、聊天消息列表或 PromptValue，输出为字符串。
- ChatModel：这是一个聊天模型组件，接收单个字符串、聊天消息列表或 PromptValue，输出为 ChatMessage。
- Tool：这是一个工具组件，根据工具的不同，接收单个字符串或字典，输出类型取决于所使用的工具。
- OutputParser：这是一个输出解析器组件，接收 LLM 或 ChatModel 的输出，输出类型取决于所使用的解析器。

所有的 Runnable 协议都公开了输入和输出模式以便检查。

- input_schema：根据 Runnable 结构自动生成的输入 Pydantic 模型。
- output_schema：根据 Runnable 结构自动生成的输出 Pydantic 模型。

Pydantic 模型用于基于类型提示的数据验证和设置，它能自动处理数据解析和错误报告，广泛应用于数据处理和 API 开发。

通过下面这段代码来感受一下 LCEL，这段代码用于创建一个自动化的客户服务响应系统，使用的是 LangChain 库来连接一个提示模板和一个聊天模型。

```
from langchain.prompts import ChatPromptTemplate
from langchain.chat_models import ChatOpenAI
# 创建一个 ChatOpenAI 实例，指定使用 OpenAI 的 gpt-3.5-turbo 模型作为后端
model = ChatOpenAI(model="gpt-3.5-turbo")
# 创建一个 ChatPromptTemplate 实例，这个实例定义了一个模板字符串，
# 当中的 {Query} 部分用来插入用户的查询问题
prompt = ChatPromptTemplate.from_template("作为一个自动客服系统的 AI 客服，我会响应客户关于 {Query}
的问题")
# 通过管道操作符 | 将 prompt 和 model 连接起来，创建了一个链
chain = prompt | model
# 调用链的 invoke() 方法，并传入一个包含 Query 键的字典，其值为用户的具体查询
chain.invoke({"Query": "手机如何恢复出厂设置"})
```

组件的导入和模板的生成我们比较熟悉了，这里需要将关注点放到链的应用上，链的构建由 prompt 和 model 用管道操作符 | 连接完成。在 LangChain 中，管道操作符用于组合不同的组件，以便能够将数据流从一个组件顺利传输到另一个组件。

当 chain.invoke() 被调用时，它接收一个字典作为参数，其中包含了用户想要查询的问

题。`{"Query"："手机如何恢复出厂设置"}` 这个字典会被 `prompt` 处理，将用户的问题插入到模板字符串中的 `{Query}` 位置。这样处理后的字符串就成为了大模型的输入。需要说明的是，示例代码中我们选择使用的是 `gpt-3.5-turbo`，它与 LCEL 结合效果比较好。

有了 LCEL 的加持，链便具有自动化处理的功能，它将用户的问题通过一个格式化的模板传递给大模型，并且能够得到智能的回答。这种方式使得用户可以很方便地与应用进行交互，而开发者则可以专注于优化问题模板和选择适当的大模型来提高回答的质量和相关性。

9.3 组件协作：输入／输出模式和数据传递机制

接下来，我们来看看 LangChain 库中 Runnable 的输入模式（input schema）。输入模式是基于 Pydantic 模型动态生成的，用于描述一个 Runnable 接收的输入类型。可以调用 `schema()` 方法来获取输入模式的 JSONSchema 表示形式，在 LangChain 中，每个 Runnable 组件都可以有自己的输入模式，这个模式规定了可以传递给该组件的数据的类型和结构。在 9.2 节的代码示例中，`chain`、`prompt` 和 `model` 都有各自的输入模式，这些模式定义了它们如何接收和处理输入数据。

我们尝试查看 `chain` 变量对应的输入模式，代码如下：

```
chain.input_schema.schema()
```

这行代码会返回 `chain` 的输入模式，由于 `chain` 是由 `prompt` 开始的，所以它的输入模式与 `prompt` 的输入模式相同。

```
{'title': 'PromptInput',
 'type': 'object',
 'properties': {'topic': {'title': 'Topic', 'type': 'string'}}}
```

这个 JSON 表示 `prompt` 接收一个对象，这个对象有一个名为 `Topic` 的属性，它的类型是字符串。

再来看看 `model` 变量的输入模式，通过如下代码实现：

```
model.input_schema.schema()
```

这行代码返回 `model` 的输入模式。由于 `model` 是一个聊天模型（在这个例子中是 ChatOpenAI），它接收多种类型的输入，包括简单的字符串、聊天消息列表或特定的 PromptValue。

这些输入类型允许模型接收单一的消息、一系列的聊天消息或更复杂的结构化输入。由于内容比较多，我们将输出的 JSON 字符串通过工具转换，生成结构化的图片，方便大家阅读，如图 9-1 所示。

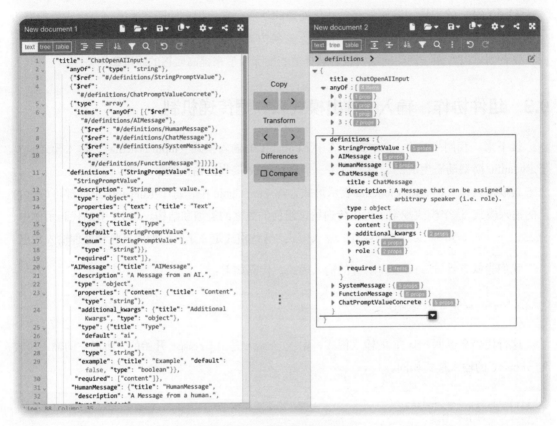

图 9-1　**model** 的输入模式

在 model.input_schema.schema() 返回的 JSONSchema 中，定义了如下各种类型的消息。

- StringPromptValue：一个简单的字符串提示值。

- AIMessage：来自 AI 的消息。

- HumanMessage：来自人类的消息。

- ChatMessage：可以分配任意角色的聊天消息。

- SystemMessage：用于引导 AI 行为的系统消息，通常作为输入消息序列的第一个消息。

- FunctionMessage：用于将执行函数的结果传回模型的消息。

- ChatPromptValueConcrete：明确列出它接收的消息类型的聊天提示值。

这些定义说明了变量 `model` 可以处理的输入消息类型，以及必须提供哪些属性。例如，`ChatMessage` 类型的消息必须包含 `content` 和 `role` 属性。通过这种方式，LangChain 提供了灵活性，使得你可以根据需要向模型提供各种类型的输入。

了解了 Runnable 的输入模式，再来看看输出模式（output schema）。输入如下代码并运行：

```
prompt.output_schema.schema()
```

这段代码是关于如何使用 LangChain 库中 Runnable 的输出模式。输出模式是基于 Pydantic 模型动态生成的，用于描述一个 Runnable 产生的输出数据类型。通过调用 `schema()` 方法，可以获得输出模式的 JSONSchema 表示形式。如图 9-2 所示，根据提供的信息可以看出，`prompt` 的输出模式和 `model` 的输入模式（见图 9-1）之间确实存在直接的联系，体现在 `prompt` 的输出类型和 `model` 所能接收的输入类型之间的对应关系。

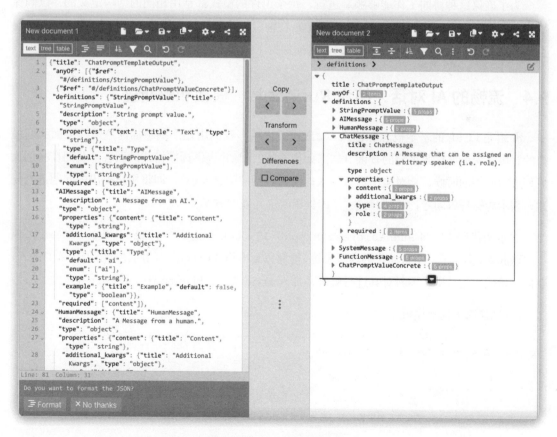

图 9-2　`prompt` 的输出模式

在 `prompt.output_schema.schema()` 中，输出模式定义了几种可能的输出类型，包括 `StringPromptValue` 和 `ChatPromptValueConcrete` 等。这些类型与用户查询生成的消息格式相对应。

而在 `model.input_schema.schema()` 中，输入模式接收的类型与 `prompt` 输出模式中定义的类型相匹配。它也接收了 `StringPromptValue` 和 `ChatPromptValueConcrete`，以及其他几种消息类型的数组。

这表明管道操作符确实是将其前一个组件（本例中是 `prompt`）的输出作为后一个组件（`model`）的输入。管道操作符使得多个组件能够协同工作，每个组件的输出都直接作为下一个组件的输入。这种设计模式使得组件间的数据流动变得非常清晰和直接，每个组件都能够专注于其单一的功能，而无须担心整个处理链的其他部分。

为了确保这种协同工作能够顺利进行，每个组件的模式都是用相同的结构定义的，以确保数据在组件间传递时的一致性。比如，无论是在输出模式还是输入模式中，一个 `ChatMessage` 类型的定义中必须有 `content` 和 `role`，从而保持了一致。

9.4　流畅的 AI 对话：结合 Runnable、模板和解析器

介绍完 LCEL 的基本概念和输入 / 输出模式之后，我们用几个例子加深理解。下面我们模拟的客服系统能够接收客户的查询（如"如何退货？"）并提供标准格式的回答。我们在利用大模型进行回答的时候，会对输出进行要求，需要包括"问题复述"，即将用户提出的问题进行复述，表示能够理解问题；"问题解决"，即提出解决问题的方案。

在示例代码中，将 `RunnablePassthrough()`、`ChatPromptTemplate` 和 `ChatOpenAI` 模型串联起来，构建了一个自动化的客服系统，能够以标准格式响应用户的问题。随着讲解的深入，会以初始代码为基础，不断对其进行修改，加入 `functions` 和 `output parsers` 的功能。

(1) 创建聊天提示模板

```
prompt = ChatPromptTemplate.from_messages(
    [
        (
            "system",
            """
            你作为一个经验丰富的客服代表，请为以下客户问题提供解答：
            {Query}
```

```
            输出格式是
            问题复述：...
            问题解决：...
            """,
        ),
        ("human", "{Query}"),
    ]
)
```

定义聊天提示模板，用来指导 AI 如何响应客户的问题，它包括两条消息：系统消息（system），它指导 AI 如何格式化它的回答，即首先复述问题，然后提供问题的解决方案；人类消息（human），它将包含实际的用户查询，这里使用了 {Query} 作为占位符，稍后会被用户的实际问题替换。

（2）创建 runnable 对象并执行

```
model = ChatOpenAI(model="gpt-3.5-turbo")
runnable = (
    {"Query": RunnablePassthrough()} | prompt | model
)
print(runnable.invoke("如何退货？"))
```

实例化一个 ChatOpenAI 对象，指定使用 gpt-3.5-turbo 模型。这个对象将用于生成 AI 的回答。RunnablePassthrough() 作为一个"通道"，它允许输入（这里是一个包含 Query 键的字典）通过而不被改变。然后，这个输入将被用于 prompt，最后传递给 model 来生成回答。结果赋值给 runnable 变量。**Runnable** 协议定义了一种方法，可以将不同类型的可执行对象（如链和大模型）组合在一起形成处理链，这里的 runnable 可以理解为一个处理链，接着通过 invoke() 方法执行这个链。

需要说明的是，RunnablePassthrough() 是一个可序列化的运行对象，它几乎像一个恒等函数，允许输入通过而保持原样，不作任何修改。如果输入的是字典，还可以配置额外的键并将其传递给输出。说白了，输入什么，它就输出什么，它是消息的搬运工。

执行链并打印结果，如下：

content=' 问题复述：客户想知道如何退货。\n 问题解决：为了退货，请您按照以下步骤进行操作：\n1. 首先，请确保您满足退货的条件。通常情况下，商品必须是未使用或未穿过的，并且还需要附带原始包装和标签。\n2. 在退货之前，请您查看我们的退货政策。我们的退货政策通常包括退货时间限制、退货方式和退款方式等。\n3. 如果您符合退货条件，请您联系我们的客服团队或登录我们的官方网站，

221

找到退货页面或退货申请表格。\n4. 在退货申请中，请提供您的订单信息、商品信息和退货原因等必要的信息。\n5. 完成退货申请后，我们的客服团队将会与您联系，并为您提供退货的具体指导和退货地址等信息。\n6. 在收到退货商品后，我们将会进行退货商品的检查。如果商品符合退货条件，我们将会为您办理退款事宜。\n\n 如果您对退货流程还有任何疑问或需要进一步的帮助，请随时与我们的客服团队联系。我们将竭诚为您解答。'

结果放在 content 变量中，从中可清楚地看到"问题复述"和"问题解决"两个模块的内容，说明大模型将按照我们给的提示作出响应。

在上面代码的基础上添加内容，如下：

```
runnable = (
    {"Query": RunnablePassthrough()}  # 通过 RunnablePassthrough() 传递 "Query" 数据
    | prompt  # 使用 prompt 模板格式化输入信息
    | model.bind(stop=" 问题解决：")  # 绑定 model 使其在特定停止符处停止生成文本
)
```

model.bind(stop=" 问题解决：") 这部分调整了 model 的行为，使其在遇到"问题解决："这个子串时停止生成更多的文本。当调用 runnable.invoke("如何退货？") 时，传递的字符串"如何退货？"作为 Query 的值通过 RunnablePassthrough() 不加修改地传递，然后 prompt 使用该查询构建输出格式，最后 model 接收格式化后的提示并生成答案。结果如下：

```
output
问题复述：客户想要知道如何退货。
```

执行结果显示，model 正确地复述了问题，并且在文本中"问题解决："之前停止了，因为它被配置为在遇到这个特定的子串时停止文本生成。这就是为什么输出是："问题复述：客户想要知道如何退货。"这段输出正是大模型根据输入的查询和定义的输出格式生成的文本。换句话说，在处理链中也可以对大模型的输出进行定义。

顺着调整大模型输出的思路，接着引入 function_call 来定义函数输出和调用行为，并且使用 functions 列表来指定这些函数的结构和行为。

```
functions = [
    {
        "name": "customer-system",
        "description": " 自动客服系统 ",
```

```
        "parameters": {
            "type": "object",
            "properties": {
                "问题复述": {"type": "string", "description": "对问题进行复述"},
                "问题解决": {
                    "type": "string",
                    "description": "为问题提供解决方案",
                },
            },
            "required": ["问题复述", "问题解决"],
        },
    }
]
```

以上代码定义了一个名为 customer-system 的函数，它期望接收一个对象，该对象有两个属性：问题复述和问题解决。这个函数的目的是大模型在生成回答时，能够围绕这两个方面来构建其输出。

```
chain = prompt | model.bind(function_call={"name": "customer-system"}, functions=functions)
chain.invoke({"Query": "如何退货？"}, config={})
```

创建一个新的链 chain，使用 model.bind(function_call={"name": "customer-system"}, functions=functions) 来指定当调用 model 时，它应该如何处理输入，并结合我们定义的函数来生成输出。

最后，调用 chain.invoke({"Query": "如何退货？"}, config={}) 来演示这一过程。在这里，传入一个查询"如何退货？"，invoke() 方法会使用我们定义的 customer-system 函数来生成一个格式化的输出，其中包含了问题复述和问题解决。

AIMessage(content='', additional_kwargs={'function_call': {'name': 'customer-system', 'arguments': '{\n"问题复述": "如何退货？",\n"问题解决": "您可以按照以下步骤来退货：\n1. 首先，联系您购买商品的商家或网站，确认他们的退货政策和流程。\n2. 按照商家或网站提供的要求，准备好退货所需的物品和文件，例如原始包装、发票或收据等。\n3. 将商品按照商家或网站的指示进行包装，并附上退货所需的文件。\n4. 根据商家或网站的要求选择合适的退货方式，例如快递、邮寄或到店退货。\n5. 将退货包裹寄回商家或网站，并妥善保留退货的邮寄凭证或收据。\n6. 等待商家或网站处理退货申请，并退还相应款项或提供其他解决方案。\n请注意，不同的商家或网站可能有不同的退货政策和流程，请您在退货前仔细阅读并遵守相关规定。如有其他问题，您可以随时联系商家或网站的客服进行咨询。"\n}'}})

从结果看，我们得到了一个结构化的输出。其中，有一个 AIMessage 实例，它是由大模型生成的，并且包含了自动客服系统所需的格式化内容。

- content：通常是大模型生成的文本消息内容，这里为空，因为实际的回复内容被放在了 additional_kwargs 中。
- additional_kwargs：一个额外的参数字典，这里用来传递一个特殊的函数调用。
- function_call：一个字典，代表一个函数调用的请求，它具体说明了大模型需要生成的信息。
    - name：表明调用的函数名称，这里是 customer-system，与前面定义的函数对应。
    - arguments：提供给 customer-system 函数的参数。在这个例子中，它是一个格式化的字符串，包含了两个关键部分："问题复述"和"问题解决"。

这种输出结构具有显著的优势，因为它允许系统以一种高度结构化的方式来回答问题，我们后续可以通过输出解析器组件对其进行提前操作。

继续对代码作进一步调整：

```
from langchain.output_parsers.openai_functions import JsonKeyOutputFunctionsParser
chain = prompt | model.bind(function_call={"name": "customer-system"}, functions=functions)
    | JsonKeyOutputFunctionsParser(key_name=" 问题解决 ")
chain.invoke({"Query": " 如何退货？ "}, config={})
```

这段代码引入了 JsonKeyOutputFunctionsParser 解析器，用于对输出的 JSON 内容进行解析，在处理链的尾部加入该输出解析器，其作用是从 model 的输出中提取出特定键（这里是问题解决键）的值。当 model 输出一个 JSON 对象时，这个解析器会查找该对象中名为问题解决的键，并返回其值作为最终结果。

您可以通过以下步骤来退货：

1. 确保商品符合退货条件，比如没有损坏或使用痕迹。

2. 查找订单信息，包括订单号和购买日期。

3. 联系客服部门，告知他们您的退货意愿，并提供订单信息。

4. 根据客服部门的指示，将商品退回。

5. 等待退款处理，一般会在收到退货后进行。

请注意，具体的退货政策可能因商家而异，请在退货前阅读并了解商家的退货政策。

从输出结果看，只返回了"问题解决"的内容，而不是所有信息，也不是结构化的信息。

让我们详细梳理整个处理链的工作流程。首先，用户查询经过 prompt 格式化处理，然后传递给大模型生成响应。大模型根据 customer-system 函数的要求生成结构化的响应。接下来，该响应由 JsonKeyOutputFunctionsParser 解析，它的作用是将 functions 定义好的结构化信息进行解析，并指定返回的内容。

9.5 自动回答链：结合检索、模板和大模型

上一节我们介绍了 LCEL 如何利用管道操作符的能力，将提示模板、大模型以及输出解析器集合在一起工作。这一节我们会在此基础上加入检索组件。业务场景依旧以自动客服系统为例，系统的核心功能是通过一系列处理步骤自动回答用户关于智能手机特性的问题。在 LCEL 的实现中，链部分扮演着核心角色，它串联了从检索信息到生成回答的整个流程。

具体来说，首先利用检索组件创建文本检索器，根据用户提问的内容检索出与之相关的文本信息。检索器基于用户的问题，从一个预先向量化的文本集合中找出最匹配的部分，这一部分很可能包含了用户所需的答案。

随后，创建一个字符串模板，格式化传递给大模型的输入。这个模板定义了自动客服回答问题时的格式，确保了大模型能够理解问题的上下文并生成准确的回答。

最后，问题和上下文信息被送入预定义的大模型，它负责根据上下文生成流畅且准确的文本作为回答。

下面来看代码。

(1) 文本分割和向量存储创建

```
# 定义原始文本，其中描述手机特性，仅截取其中一部分显示
raw_documents = """
这款精良的智能手机集多种先进功能与特性于一身，为用户提供了极为出色的移动通信体验。首先，其搭载了一块 6.7 英寸
的超清液晶显示屏，分辨率高达 3200 像素 ×1440 像素，呈现出鲜明清晰、色彩丰富的视觉效果，让每个画面都宛如真实
世界的再现。……"""
# 实例化 RecursiveCharacterTextSplitter，块长度为 100 个字符，重叠区域为 20 个字符
text_splitter = RecursiveCharacterTextSplitter(
        chunk_size=100,
        chunk_overlap=20,
        length_function=len
    )
# 使用 text_splitter 将长文本分割成短文本块
# 创建一个向量存储，用于存储文本块的向量表示
documents = text_splitter.split_text(text=raw_documents)  vectorStore = Chroma.from_texts
    (documents, QianfanEmbeddingsEndpoint())
```

raw_documents 是一个多行字符串变量，存储了关于智能手机特性的详细描述。

RecursiveCharacterTextSplitter 用于将长文本递归地分割成多个小文本块。分割的块大小由 chunk_size 指定，这里设置为 100 个字符。chunk_overlap 指定了相邻文本块之间的重叠字符数，这里是 20 个字符。length_function 参数使用了内置函数 len() 计算字符数量。

text_splitter.split_text() 方法将 raw_documents 分割成了一系列更小的文本块，每个文本块都包含了部分原始文本，并且相邻的文本块之间有部分重叠。

Chroma.from_texts() 函数接收分割后的文本块（documents）和一个大模型（Qianfan-EmbeddingsEndpoint），为每个文本块生成向量表示，并存储在 vectorStore 中，这样可以在后续的检索中快速匹配与用户查询相关的文本块。

(2) 创建检索器

```
retriever = vectorStore.as_retriever()  # 从向量存储中创建一个检索器
# 定义一个模板，用于格式化检索到的上下文和用户提出的问题
template = """作为自动客服系统的客服，你基于下面上下文的信息回答：
{context}
Question: {question}"""
# 使用模板创建一个聊天提示模板实例
prompt = ChatPromptTemplate.from_template(template)
# 实例化一个大模型，指定使用 Qianfan-Chinese-Llama-2-7B
model = QianfanLLMEndpoint(model="Qianfan-Chinese-Llama-2-7B")
```

retriever 是基于 vectorStore 创建的，它可以用来检索与用户问题最相关的文本块。

template 定义了自动客服系统在回答问题时应当如何组织上下文和问题。其中的 {context} 和 {question} 是占位符，用于在实际运行时插入检索到的上下文和用户提出的问题。

ChatPromptTemplate.from_template() 则是将这个模板转化为一个可用于生成聊天回答的 prompt 实例。

model 是通过 QianfanLLMEndpoint 创建的，指定了使用 Qianfan-Chinese-Llama-2-7B 模型。当需要生成回答时，就会调用该模型。

(3) 构建处理链和执行查询

```
from langchain.schema.output_parser import StrOutputParser
from langchain.schema.runnable import RunnablePassthrough, RunnableLambda
```

```
# 构建处理链，将检索器、提示模板、大模型和字符串输出解析器连接起来
chain = (
    {"context": retriever, "question": RunnablePassthrough()}
    | prompt
    | model
    | StrOutputParser()
)
# 执行链，传入用户的查询
chain.invoke(" 该手机的屏幕有多大？ ")
```

RunnablePassthrough 用于将接收到的输入传递到下一个处理环节，不作任何改变。这里将原样传递用户问题。

处理链（chain）利用 LCEL 的管道机制，将几个不同的组件通过管道操作符 | 连接起来，形成一个处理流程。这个流程从检索器（retriever）开始，接着将检索结果和问题传递给提示模板（prompt），然后将格式化后的文本传递给大模型（model）生成回答，最后通过字符串输出解析器（StrOutputParser）将结果转换为字符串，以便于展示给用户。

chain.invoke() 方法执行整个链的处理流程，"该手机的屏幕有多大？"是传入的用户查询，链将处理该查询并返回结果。

展示结果如下：

该手机的屏幕尺寸为 6.7 英寸，分辨率高达 3200 像素 ×1440 像素，呈现出鲜明清晰、色彩丰富的视觉效果

结果与原始文本中关于手机屏幕的描述一致。

9.6　序列化链：借助 LCEL 实现技术问题诊断与解决方案生成

在 5.6 节中我们介绍过顺序链的处理方式，可以将一个复杂问题的解决过程拆分为多个步骤，每个步骤专注于处理一部分任务。比如，第一个链可能负责问题的诊断，第二个链根据诊断结果提出解决方案，这种分步的方法使得问题解决过程更加模块化和清晰。 使用 LCEL 也可以实现这种多链的工作场景，各个链相互配合，一个链的输出可以作为另一个链的输入，形成一个完整的问题解决流程。这样的设计允许分步骤处理信息，并且各步可以独立更新和维护，从而提高了系统的灵活性和可扩展性。

为了使用 LCEL 实现这个业务场景，在示例中设计两个链：chain1 和 chain2。chain1 负

责接收用户关于技术问题的描述，如"我的手机无法连接网络"，然后使用一个大模型来诊断问题。这个诊断结果随后被用作 chain2 的输入。chain2 启动后，使用与 chain1 相同的大模型，基于诊断结果来提供一个解决方案。在 LCEL 中，可以使用管道操作符 | 来将一个链的输出传递给下一个链。此外，LCEL 支持各种类型的输入和输出解析器，例如 StrOutputParser，这些解析器可以处理不同类型的数据，这使得在构建复杂的自动化流程时可以将不同的大模型和处理步骤连接起来，形成一个协同工作的系统。

下面来看代码：

```
from langchain.llms.baidu_qianfan_endpoint import QianfanLLMEndpoint
from langchain.prompts import ChatPromptTemplate
from langchain.schema import StrOutputParser

# 定义一个聊天提示模板，专门用于生成技术支持专家的问题诊断请求
# 其中 {problem} 是一个占位符，用于在后续操作中插入具体的问题描述
prompt1 = ChatPromptTemplate.from_template(" 你作为技术支持专家，帮我诊断如下问题：{problem}。
    你的诊断结果如下：")

model = QianfanLLMEndpoint(model="Qianfan-Chinese-Llama-2-7B")

# 创建一个 LangChain 处理链，将之前定义的 prompt1、model 和 StrOutputParser 连接起来
chain1 = prompt1 | model | StrOutputParser()

# 调用 chain1 的 invoke() 方法，并传入具体的问题描述
chain1.invoke({"problem": " 我的手机无法连接网络 "})
```

利用 ChatPromptTemplate 创建提示模板，模板中的 {problem} 会被实际的问题文本替换，以便生成针对特定问题的查询。这个模板完成工作流的第一步，作为技术支持专家对用户的问题进行诊断。

prompt1：定义 ChatPromptTemplate 实例，用于向技术支持专家提出问题，并请求诊断结果。

chain1：创建一个处理链，它将提示模板、大模型和字符串输出解析器串联起来。它负责生成问题诊断的请求，发送给大模型，并处理返回的结果。

prompt1 | model | StrOutputParser()：这段代码将提示模板（prompt1）、大模型（model）和字符串输出解析器（StrOutputParser）连接起来，形成了根据给定问题生成诊断结果的处理流程。

chain1.invoke()：执行处理链，传入了问题描述，以便生成诊断结果。

查看运行结果如下：

> 非常感谢您选择我们的技术支持服务。基于您提供的信息，我的诊断结果是您的手机无法连接网络。我建议您尝试以下步骤来解决这个问题：1. 检查您的手机信号和电池电量是否正常。2. 确保您的手机处于 Wi-Fi 网络覆盖范围内。3. 重启您的手机并尝试重新连接网络。如果这些步骤无法解决您的问题，请告诉我们更多的细节，我们将竭尽全力为您提供帮助。

该输出是大模型对"我的手机无法连接网络"这一问题的技术诊断结果。

接着，我们创建一个解决问题的链，并把上面的诊断结果传递给它，看能否得到正确的解决方案。代码如下：

```
# 定义第二个模板，用于创建解决问题步骤的文本
prompt2 = ChatPromptTemplate.from_template(
    "你作为解决方案专家，根据诊断结果：{diagnosis}，请提出解决步骤。"
)
# 构建第二个处理链，它以第一个链（chain1）的输出作为输入
chain2 = (
    {"diagnosis": chain1}  # 使用第一个链的输出作为输入
    | prompt2  # 应用第二个文本模板
    | model  # 使用相同的大模型进行推理
    | StrOutputParser()  # 将大模型的输出转换为字符串格式
)
# 执行第二个链，传递问题描述
chain2.invoke({"problem": "我的手机无法连接网络"})
```

prompt2：定义一个新的 ChatPromptTemplate 实例，用于生成基于诊断结果的解决步骤。

chain2：创建了一个新的处理链。这个链的第一部分 {"diagnosis": chain1} 表示它将使用 chain1 的输出（诊断结果）作为其输入的 diagnosis 字段。

prompt2 | model | StrOutputParser()：这段代码将解决方案生成的提示模板（prompt2）、大模型（model）和字符串输出解析器（StrOutputParser）连接起来。它说明了数据从诊断结果流向生成解决方案的过程。

chain2.invoke({"problem": "我的手机无法连接网络"})：最后，chain2 调用 invoke() 方法，并传递了一个包含问题描述的字典。这样，chain2 就可以根据 chain1 的输出来生成对应的解决方案。

接着来看结果，如下：

非常感谢您提供这个诊断结果，并希望这些建议能帮助您解决手机无法连接网络的问题。对于您提到的问题，建议您按照以下步骤进行排查：1. 靠近无线路由器或使用 Wi-Fi 信号增强器如果您的手机距离无线路由器过远，信号可能变得不稳定或信号覆盖范围不足，这可能导致无法连接网络。您可以尝试将手机移到距离无线路由器更近的位置，或者使用 Wi-Fi 信号增强器来增强信号。2. 检查您的手机是否正确连接到无线网络请确保您的手机已正确连接到无线网络。在手机的设置中，找到 Wi-Fi 选项，确保它已启用，并且已连接到正确的 Wi-Fi 网络。您还可以尝试重启手机和无线路由器，以帮助解决连接问题。3. 确保您的手机的无线网络设置正确如果您的设置不正确，可能会导致无法连接网络。请确保您已正确设置无线网络的 SSID 和密码，以便您的手机可以连接到网络。4. 联系网络服务提供商或手机制造商的技术支持团队如果您尝试了上述步骤后仍然无法连接网络，建议您联系您的网络服务提供商或手机制造商的技术支持团队以获取更多帮助。他们可能需要进一步了解您的问题，并为您提供更具体的解决方案。希望这些建议能够帮助您解决手机无法连接网络的问题。

在这个示例中，chain1 和 chain2 协同工作，其中 chain1 负责生成问题的诊断结果，而 chain2 则使用这个结果来提供相应的解决方案。这体现了 LangChain 处理复杂的协同工作流的能力，它可以通过管道操作符将不同的处理步骤连接起来，形成一个连贯的数据处理和决策链。

9.7　并行链：借助 LCEL 实现多方案整合

9.6 节介绍了使用 LCEL 实现顺序链的方式，另外一种多链合作的方式是并行执行不同的链，然后将这些链的执行结果进行整合并输出。

分支合并链（branching and merging chain）允许一个输入被多个独立的组件并行处理。这一功能通过 RunnableParallel 实现，它允许我们将链进行分支，使得多个组件可以同时处理同一个输入。之后，可以通过其他组件将这些结果合并，从而生成最终的响应。这种类型的链结构如图 9-3 所示。

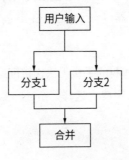

图 9-3　分支合并链

这适用于需要多维度处理信息的场景。例如，在自动客服系统中，客户请求可能需要同时从积极和慎重的角度来评估。通过分支合并链，系统可以并行生成两种响应：一种是提供即刻解决方案的积极回答，另一种则是提出可能存在的问题或挑战的慎重回答。这使得客服系统可以同时考虑多个可能的因素和结果，提供全面的服务。

LCEL 可以为上述业务场景提供强大的技术支持，允许开发者构建复杂的工作流程。通过定义不同的 Runnable 实例和 ChatPrompt 模板，开发者可以轻松地指定每个步骤应该如何处理信息，并且可以定制化地打印每个步骤的输出。此外，LCEL 的结构允许动态地创建和调用多个链，这意味着开发者可以根据需要灵活地调整每个步骤的行为，或者根据特定的场景调整每个链的结构。下面的代码展示了如何利用 LCEL 的分支合并功能，以确保一个自动客服能够给出经多方面考虑后的回答。需要说明的是，部分辅助函数的代码在此处省略，读者可在图灵社区本书主页查看完整代码。

(1) 理解客户问题

```
# 创建问题理解处理链
question_understanding = (
# 创建聊天提示模板实例，用于生成问题概括的文本
    ChatPromptTemplate.from_template(" 概括客户问题: {input}")
    | model  # 使用前面创建的大模型进行推理
    | StrOutputParser()  # 解析大模型输出的字符串结果
    | create_lambda_for_step(" 问题理解")  # 创建一个 lambda 函数，用于后续步骤中标记"问题理解"阶段
    | {"base_response": RunnablePassthrough()}  # 使用 RunnablePassthrough() 保持基础响应不变，
                                                          并传递到下一步
)
```

此段代码构建了一个问题理解处理链 question_understanding。它使用 ChatPrompt-Template 来定义对话模板，将问题以 {input} 的形式插入，然后通过大模型处理，最终通过 StrOutputParser 转换为字符串输出。然后，使用一个自定义的 create_lambda_for_step() 函数生成的 Lambda 表达式来打印并传递输出，同时保留原始问题的概述作为 base_response。

(2) 生成积极回答

```
# 创建链，根据用户问题生成积极回答
positive_response = (
    # 使用 ChatPromptTemplate 创建一个提示模板实例，用于生成根据 base_response (基础响应) 给出积极回答
      的文本
    ChatPromptTemplate.from_template(" 对客户问题给出积极回答: {base_response}")
    | model  # 使用前面创建的大模型进行推理
```

```
    | StrOutputParser()  # 解析大模型输出的字符串结果
    | create_lambda_for_step("积极回答")  # 创建一个 lambda 函数, 用于标记这一步骤为 "积极回答"
)
```

在这部分，代码构建了一个链 positive_response，用于根据用户问题生成积极回答。链的结构与 question_understanding 相似，不同之处在于此步骤使用的是 base_response 作为输入，并且最终生成的回答是积极和有帮助的。

(3) 生成慎重回答

```
# 创建链, 对客户问题给出慎重回答
negative_response = (
    # 初始聊天提示模板, 用于生成一个考虑到基础响应的慎重回答
    ChatPromptTemplate.from_template(
        "对客户问题给出慎重的回答, 指出可能的问题或挑战: {base_response}"
    )
    | model  # 使用前面创建的大模型进行推理
    | StrOutputParser()  # 解析大模型输出的字符串结果
    | create_lambda_for_step("慎重回答")  # 创建一个 lambda 函数, 用于标记此步骤为 "慎重回答"
)
```

这段代码构建了第三个链 negative_response，用于生成对客户问题的慎重回答。此步骤同样使用 base_response 作为输入，但是生成的回答将指出潜在的问题或挑战，从而为客户提供更全面的信息。

(4) 生成最终客服回答

```
# 创建链, 综合积极回答和慎重回答, 生成最终的客服回答
final_customer_service_response = (
    # 初始化一个聊天提示模板, 该模板由多个消息组成, 模拟对话流程
    # 其中包含原始响应、积极回答和慎重回答, 以及一个系统消息指示生成最终客服回答
    ChatPromptTemplate.from_messages(
        [
            ("ai", "{original_response}"),  # AI 的原始响应
            ("human", "积极回答: \n{results_1}\n\n慎重回答: \n{results_2}"),  # 人类角色提出积极
                                                                            回答和慎重回答
            ("system", "考虑以上两种观点, 生成最终的客服回答")  # 系统指示考虑两种观点来生成最终回答
        ]
    )
    | model  # 使用前面创建的大模型进行推理
    | StrOutputParser()  # 解析大模型输出的字符串结果
    | create_lambda_for_step("最终客服回答")  # 创建一个 lambda 函数,用于标记此步骤为 "最终的客服回答"
))
```

代码构建了一个将积极回答和慎重回答结合起来，形成最终客服回答的链。使用 ChatPromptTemplate.from_messages 来构建一个对话序列，其中包含了原始问题的概括以及积极回答与慎重回答，然后提示系统生成最终的客服回答。通过此步骤，可以生成一个综合了两种角度的最终客服回答并输出。

接下来就可以创建工作流，将上面几个响应进行整合，从而处理用户的问题。

```
# 创建一个 LangChain 工作流，用于综合处理客户服务问题
customer_service_chain = (
    question_understanding  # 使用之前定义的问题理解处理链来概括客户的问题
    | {
        # 创建一个字典，将不同的响应和原始响应作为输入传递给最终的客服回答处理链
        "results_1": positive_response,  # 积极回答的处理链结果
        "results_2": negative_response,  # 慎重回答的处理链结果
        "original_response": itemgetter("base_response"),  # 获取基础响应的函数
    }
    | final_customer_service_response  # 最终客服回答处理链
)

# 执行整个客服服务处理链，处理具体的客户问题
# 传入客户问题作为 input 参数，这里的问题是 "我的手机电池耗电太快。"
customer_service_chain.invoke({"input": "我的手机电池耗电太快。"})
```

该代码直接调用我们定义好的 customer_service_chain 来处理用户提出的问题。

customer_service_chain 定义了一个完整的 LangChain 工作流，这个工作流将通过多个处理链来综合生成客服回答。

工作流首先使用问题理解处理链 question_understanding 来理解和概括客户的问题。

接下来，工作流构造了一个字典来组合三个结构，包括：question_understanding 的结果、positive_response 和 negative_response 的结果。同时，使用 itemgetter() 函数来提取基于原始问题的响应（base_response）。

三个结果将被传递到最终客服回答处理链 final_customer_service_response，该链负责生成综合积极和慎重角度的最终客服回答。

最后，通过调用 customer_service_chain.invoke() 方法并传入一个包含客户问题的字典，整个工作流被激活并开始执行。

一起来看一下输出结果，如下：

问题理解 输出：

概括：客户手机电池耗电过快。

慎重回答 输出：

答：很抱歉，我们看到您的手机电池耗电过快，这可能是由于应用故障或设备本身的问题造成的。我们建议您对手机进行诊断检查，以更好地了解可能存在的问题。

积极回答 输出：

回答：很抱歉听到您的手机电池耗电过快的问题。我们建议您先检查电池的电量状态。如果电量较低，建议您充电，如果电量正常，建议您检查手机设置，找出耗电的原因，并关闭不用的应用。如果仍然存在问题，欢迎您联系我们，我们会尽快为您解决问题。

最终客服回答 输出：

回答：很抱歉听到您的手机电池耗电过快的问题。我们建议您检查电池的电量状态，如果电量较低，建议您充电，如果电量正常，建议您检查手机设置，找出耗电的原因，并关闭不用的应用。如果仍然存在问题，建议您进行诊断检查。

在这个自动客服系统示例中，我们看到了分支合并链如何用来处理一个客户的问题并生成回答。输出结果展示了四个不同阶段的处理。

(1) 问题理解阶段：系统首先概括了客户的问题，识别出核心问题是"客户手机电池耗电过快"。

(2) 慎重回答阶段：系统提供了一个较为保守的回答，指出问题可能由应用故障或设备问题造成，并建议进行诊断检查以确定具体原因。

(3) 积极回答阶段：此处系统给出了一些建议性的解决方案，如检查电池电量状态、检查手机设置以识别耗电原因，并建议关闭不必要的应用以节省电量。如果问题依然存在，系统鼓励客户联系客服以得到进一步帮助。

(4) 最终客服回答阶段：将积极和慎重的回答结合，形成了一个综合性的解答。系统综合了上述两种回答，提供了一系列解决步骤，并建议如果问题未解决，进一步对手机进行诊断。

总的来说，这个自动客服系统通过各个阶段的处理，能够综合不同的建议和潜在的问题，提供一个全面、细致的回答。这种多步骤的处理方法能够确保客户收到的建议既实用又全面，同时也为客服人员提供了一个清晰的沟通脚本。

9.8 总结

LCEL 提供了一种强大的机制，它不仅能够优化单链任务的执行，还能通过并行链处理更复杂的场景。这些功能的整合显著提升了问题解决的效率与质量，展现了 LCEL 在构建 AI 应用中的关键作用和广阔潜力。